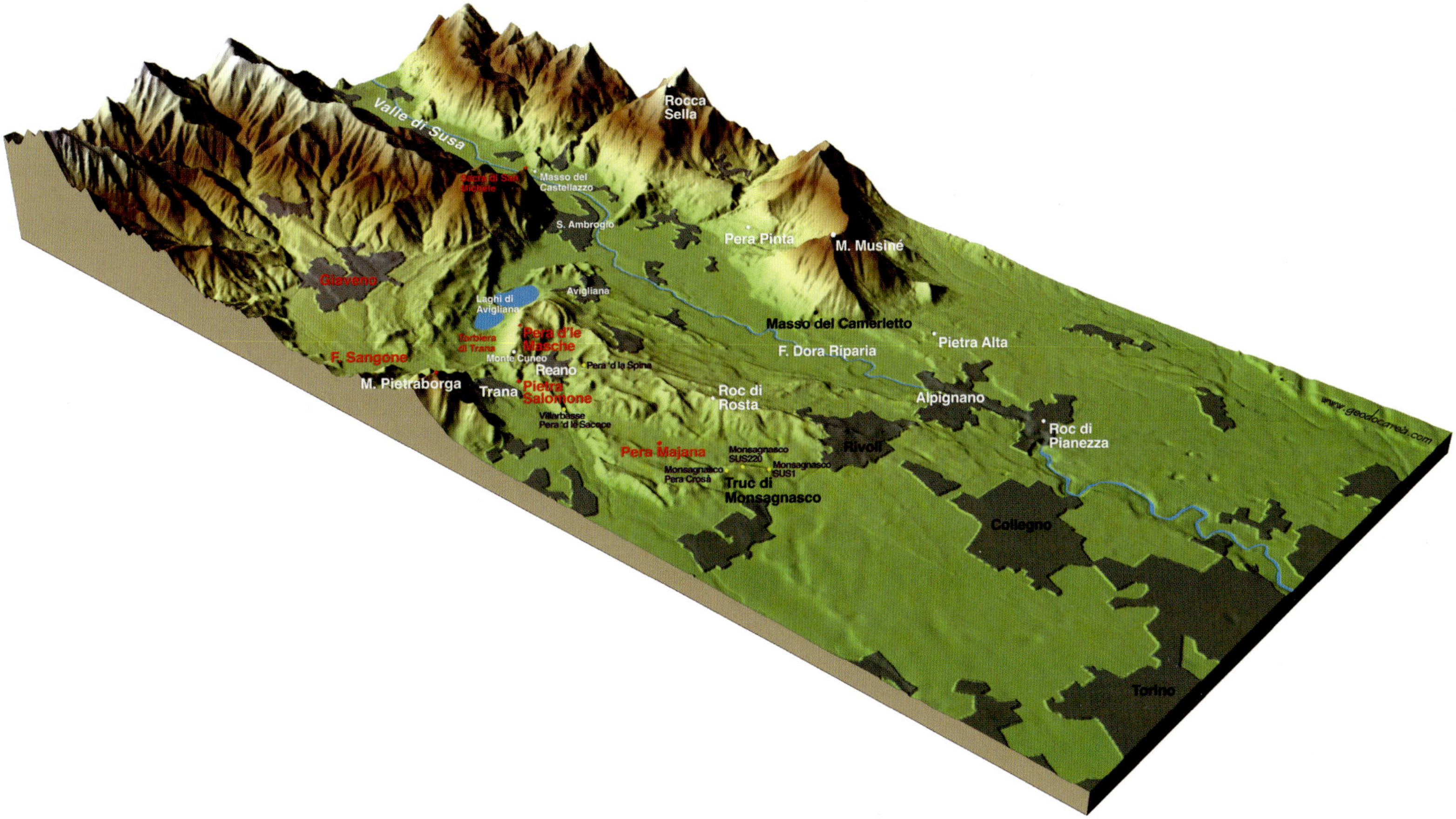
Valle di Susa
Rocca
Sella
Masso del
Castellazzo
S. Ambrogio
Pera Pinta
M. Musinè
Giaveno
Laghi di
Avigliana
Avigliana
Masso del Camerletto
Pietra Alta
F. Dora Riparia
Pera d'le
Masche
Torbiera
di Trana
Monte Cuneo
Pera 'd la Spina
F. Sangone
Reano
M. Pietraborga
Trana
Pietra
Salomone
Roc di
Rosta
Alpignano
Villarbasse
Pera 'd le Sacoce
Roc di
Pianezza
Pera Majana
Monsagnasco
SUS220
Monsagnasco
SUS1
Monsagnasco
Pera Crosà
Rivoli
Truc di
Monsagnasco
Collegno
Torino
www.geodocarea.com

# SENTINELLE DI PIETRA

*I massi erratici dell'anfiteatro morenico di Rivoli - Avigliana*

Museo Regionale di Scienze Naturali
2010

# SENTINELLE DI PIETRA

## *I massi erratici dell'anfiteatro morenico di Rivoli - Avigliana*

REGIONE PIEMONTE

MUSEO REGIONALE DI SCIENZE NATURALI

*In collaborazione con*

PIEMONTE NUOVO, DA SEMPRE.

CONSIGLIO REGIONALE DEL PIEMONTE

MUSEE DES MERVEILLES TENDE, ALPES-MARITIMES

A.P.R.I. - ONLUS ASSOCIAZIONE PIEMONTESE RETINOPATICI E IPOVEDENTI

iDEA solidale centro servizi volontariato Provincia di Torino

Gruppo Ricerche Cultura Montana www.culturamontana.altervista.org


**Catalogo della mostra**

*Coordinamento editoriale*
Giorgio Fea

*Testi*
Andrea Arcà, Marco Ballatore, Fabio Balocco, Aureliano Bertone, Liliana Boella, Rosa Camoletto, Giorgio Fea, Marco Giardino, Ivan Guerini, Mariella Longhetti, Luigi Motta, Michele Motta, Roberto Sabbi, Gianfranco Salotti, Ilaria Salotti, Silvia Sandrone, Leonardo Zappalà

*Materiale iconografico e documentale*
Andrea Arcà, Fabio Balocco, Aureliano Bertone, Geo d'Oc, Daniele Fornasero, Luca Giacosa, Marco Giardino, Ivan Guerini, Archivio Hapax Editore, Mariella Longhetti, Andrea Maiocchi, Lamberto Milani, Luigi Motta, Michele Motta, Marzio Nardi, Pietro Nervo, Antonio Novello, Alberto Perino, Roberto Sabbi, Ilaria Salotti, Jean Marie Strangi

*Per i casi in cui non è stato possibile identificare la fonte dell'immagine, si dichiara la disponibilità a regolarizzare.*

*Grafica e impaginazione*
Federico Laface

*Stampa*
Hapax Editore, Torino

*Immagine di copertina*
Masso della Pineta, Fraz. Morsino, Almese (To)





*ISBN 978-88-86041-98-0*

## Mostra "Sentinelle di pietra"
## 31 marzo – 29 agosto 2010

*Mostra a cura di*
Giorgio Fea

*Ideazione e realizzazione*
Pro Natura Torino - ONLUS

*Coordinamento organizzativo*
Liliana Boella

*Coordinamento scientifico*
Giorgio Fea, Marco Giardino, Luigi Motta, Michele Motta, Silvia Sandrone

*Comitato organizzativo*
Marco Ballatore, Fabio Balocco, Giorgio Fea, Luigi Motta, Michele Motta, Gianfranco Salotti

*Allestimento*
Hapax Torino

*Ringraziamenti*
Biblioteca Reale, Torino; Comune di Mompantero; Consiglio Regionale del Piemonte, Torino; Dipartimento di Scienze della Terra dell'Università degli Studi di Torino; Museo di Antichità, Torino; Museo di Antropologia ed Etnografia dell'Università degli Studi di Torino; Museo Etnografico, Novalesa; Museo di Storia Naturale Don Bosco di Valsalice, Torino; Museo di Storia Naturale Franchetti e Sbarsi, Torino; Parco Naturale dei Laghi di Avigliana; Soprintendenza per i Beni Archeologici del Piemonte e del Museo di Antichità Egizie di Torino; Associazione Piemontese Retinopatici e Ipovedenti, Torino; Galleria Gilibert, Torino; Geo d'Oc, Valdieri; Libreria antiquaria Soave, Torino; Maximiglio Bike Shop, Torino; Centro ricerche "L'Arc", Villar San Costanzo; Libreria Squilibri, Bene Vagienna; Silvye Sarda - Calchi, Tende; Associazione Armadillo-Scuola per Via, Rivoli; Associazione B Side, Torino; Associazione Viandando, Torino; Associazione Vita e Pace onlus, Avigliana; Club Alpino Italiano, Pianezza; Gambarotta comunicazione, Torino; Giardino Botanico "Rea", San Bernardino di Trana; Gruppo musicale Filid, Susa; Gruppo Ricerche Cultura Montana, Torino; La Tavola di Babele, Torino; Matteotti Dark Orienteering Club, Rivoli; MTB Scuola Superga, Torino; Sand s.a.s., Pecetto Torinese.
Un particolare ringraziamento va alla direzione e al personale del Musée des Merveilles, Tende e al Conseil Général des Alpes Maritimes, Nice. Si esprime infine gratitudine a tutte le persone, volontari e simpatizzanti, che hanno contribuito a facilitare il lavoro di ricerca, di documentazione, di raccolta e selezione dei reperti e dei campioni, mettendo a disposizione le proprie competenze e risorse personali.

## Museo Regionale di Scienze Naturali

*Direzione*
Ermanno De Biaggi
Daniela Formento

*Segreteria generale*
Francesca Onofrio

*Didattica e Museologia*
Elena Giacobino

*Botanica*
Rosa Camoletto

*Mineralogia, Geologia e Petrografia*
Lorenzo Mariano Gallo

*Paleontologia*
Daniele Ormezzano

*Zoologia*
Elena Gavetti, Marinella Garzena, Stefano Boccardi, Marco Favelli, Giulia Tessa (collaboratori)

*Entomologia*
Luca Picciau (Collaboratore)

*Ufficio Stampa e Relazioni Esterne*
Giuseppe Misuraca, Elvira Radeschi, Donatella Actis (Giunta regionale), Chiara Conti (collaboratrice)

*Comunicazione web*
Patrizia Scandurra, Annalisa Prete

*Servizi tecnici*
Pasqualino Martino

*Servizi al pubblico*
Laura Marasso

# INDICE

*Masso della Pineta, fraz. Morsino, Almese (TO).*

# Presentazione

*di Liliana Boella*

Ai massi erratici dell'anfiteatro morenico di Rivoli Avigliana, che per dimensioni, varietà e abbondanza non hanno eguali in Piemonte, è dedicata la mostra che Pro Natura Torino propone nella sede del Museo Regionale di Scienze Naturali di Torino.

Il titolo scelto, "Sentinelle di pietra", vuole essere evocativo nei visitatori della presenza monumentale in bassa Valle di Susa di questi imponenti blocchi di roccia, spesso situati in posizione curiosa e dominante. Essi sono tra i segni più evidenti della straordinaria forza trasportatrice del ghiacciaio valsusino e risultano parte integrante della cultura materiale e immateriale degli abitanti di questo territorio, conservata grazie alle tracce documentarie ed alla memoria degli anziani.

Da alcuni decenni a questa parte, la maggiore minaccia che incombe sui massi è costituita dall'espansione e dalla speculazione edilizia: molti massi importanti sono stati interamente inglobati nel tessuto urbano, perdendo gran parte del loro fascino, mentre altri sono stati soffocati da cinte murarie, utilizzati come appoggio per costruzioni rurali o racchiusi in proprietà private, con il risultato di non essere più fruibili dalla collettività. Ma proprio la presenza di numerosi massi ancora integri, fortemente e profondamente arroccati nel terreno morenico grazie alla roccia di cui sono costituiti, ci induce a considerarli come vere e proprie "sentinelle", custodi millenari posti a protezione e vigilanza della Collina morenica.

La mostra viene proposta con l'intento di richiamare l'attenzione su un territorio che, situato a meno di 20 km ad ovest di Torino, con i suoi dolci rilievi, i laghi e le paludi aviglianesi, i monti della Sacra di san Michele, presenta caratteristiche storico-naturalistiche tali da farne un vero e proprio patrimonio per la collettività e, come tale, una ricchezza comune da valorizzare e da tutelare.

In questa direzione si è mosso l'impegno pluriennale dell'Associazione per la Salvaguardia della Collina Morenica (ASCM), oggi confluita in Pro Natura Torino. Promotrice di molteplici iniziative realizzate in sinergia e con il contributo di numerose amministrazioni locali (in particolare nell'ambito del protocollo d'intesa siglato nel luglio 1998 a Rivoli), della Provincia di Torino, della Regione Piemonte e del Dipartimento di Scienze della terra dell'Università degli Studi di Torino, l'Associazione intende inoltre informare e sensibilizzare all'azione di salvaguardia non solo quanti vivono sul territorio, ma anche tutti i cittadini dell'area metropolitana. Tra le numerose attività promosse, si possono citare la ricerca e la documentazione fotografica, cartografica e toponomastica, le tavole rotonde e gli incontri pubblici con la partecipazione di esperti e di rappresentanti istituzionali, le attività didattiche di educazione ambientale, le passeggiate guidate alla scoperta dei massi.

Infine, per il concretizzarsi degli sforzi compiuti sono stati fondamentali il progetto di censimento dei massi erratici e l'avvio di una raccolta di firme a sostegno di una petizione popolare mirante alla predisposizione di un dispositivo legislativo di tutela, che hanno portato alla proposta di legge regionale n. 485 presentata in Consiglio regionale il 2 Novembre 2007, recante in epigrafe: «Tutela e valorizzazione dei massi erratici, di alto pregio naturalistico e storico, dell'Anfiteatro Morenico di Rivoli-Avigliana», tappa fondamentale nel cammino di salvaguardia e valorizzazione di questo patrimonio unico che noi tutti siamo chiamati a custodire.

*Nella pagina a fianco il Cascinotto Miscarlino di Rivoli è sede del Centro di educazione ambientale sulla Collina morenica.*

# Prefazione

*di Marco Giardino*

## LE RAGIONI DELLA TUTELA DEI MASSI ERRATICI

Nel nostro Paese le bellezze naturali del paesaggio fisico suscitano grande interesse ed attenzione a livello di opinione pubblica, di iniziative legislative e di pianificazione territoriale; esse rappresentano pure una grande opportunità di fruizione turistica, a riscatto di un oblio culturale ingiustificato e controproducente.

Per questi motivi, negli ultimi anni numerose amministrazioni pubbliche hanno inteso promuovere la valorizzazione del territorio anche focalizzando l'attenzione sui siti in cui sia possibile riscontrare un interesse geologico-geomorfologico per la conservazione.

Nell'ottica della geoconservazione, l'anfiteatro morenico di Rivoli-Avigliana rappresenta sicuramente un paesaggio piemontese che contiene un patrimonio geologico-geomorfologico prezioso e sensibile: per questo è meritevole di valorizzazione e di salvaguardia. E dunque appare giustificato l'interesse - non solo scientifico - per questo complesso di forme e depositi derivanti dal modellamento glaciale pleistocenico. La bellezza paesaggistica dell'anfiteatro morenico si sovrappone al suo significato paleo-ambientale; le sue peculiari caratteristiche geologiche e geomorfologiche hanno fatto da teatro ad importanti avvenimenti preistorici e storici; le risorse naturali ivi disponibili hanno determinato lo sviluppo di particolari forme, espressioni ed attitudini della cultura locale.

All'interno dell'anfiteatro morenico di Rivoli-Avigliana, i massi erratici sono elementi emblematici e vanno considerati come importanti geositi, non solo dal punto di vista scientifico o ricreativo, ma anche storico e culturale. Questi blocchi rocciosi, isolati in aree pianeggianti o allineati sulle creste moreniche, furono per lungo tempo una presenza enigmatica nell'anfiteatro morenico. Essi diedero origine a varie ipotesi interpretative: blocchi piovuti dal cielo, trasportati da piene apocalittiche, ecc. Il riconoscimento della loro reale natura glaciale attribuì ai massi erratici quel significato di testimoni geologici che oggi è fra i principali motivi che ne dovrebbero facilitare la conservazione. Come ricordò l'insigne geologo piemontese Federico Sacco in una sua pubblicazione del 1922, i massi erratici subirono invece in passato una «vera guerra di sterminio» per ricavarne materiale da costruzione. Va quindi considerato positivamente lo sforzo in atto nella regione Piemonte di dedicare specifiche norme di tutela ai massi erratici, dopo che alcuni dei più imponenti esemplari sono stati dedicati a illustri personaggi per il loro impegno scientifico e culturale, ad esempio, l'imponente masso erratico di Caselette dedicato al geologo Federico Sacco, e la *Pera Majana* di Villarbasse dedicata a Ugo Campagna, ambientalista e presidente di Pro Natura.

L'avviata opera di tutela e di valorizzazione dei massi erratici apre indubbiamente nuove prospettive per la loro salvaguardia ed al contempo evidenzia alcune incognite nell'ambito della divulgazione scientifica (con la gestione nel tempo delle attività di divulgazione e di pubblicità dei massi erratici), della fruizione turistica (con la tutela dei massi erratici già valorizzati e con la loro integrazione nei circuiti turistici già collaudati o da organizzare ex-novo) e della pianificazione, amministrazione e gestione territoriale (con il ruolo, anche di tipo vincolistico, che i massi erratici potrebbero assumere in tali ambiti).

Senza dubbio, solo la sinergia tra i vari attori presenti sul territorio (enti, amministratori, associazioni e cittadini) potrà portare alla positva gestione di queste nuove prospettive ed alla risoluzione delle incognite che ne derivano.

*Nella pagina a fianco la* Pera Grossa *di Rosta.*

*Masso* Roca Parpaiola.

# Introduzione

*di Giorgio Fea*

## IL TERRITORIO INTORNO AI MASSI

L'anfiteatro morenico di Rivoli-Avigliana si estende dalla bassa Valle di Susa fino alle porte di Torino ed è compreso tra i fiumi Dora Riparia e Sangone. Con l'anfiteatro morenico di Ivrea, rappresenta l'unica testimonianza sul territorio piemontese di anfiteatro morenico pedemontano, ovvero di quel caratteristico paesaggio geomorfologico creato da un antico e potente ghiacciaio che, scendendo dalle testate delle valli alpine, si è spinto con il suo fronte fino alla pianura. L'anfiteatro morenico di Rivoli-Avigliana è infatti costituito dai depositi glaciali abbandonati dall'antico ghiacciaio valsusino nel corso dei suoi numerosi avanzamenti ed arretramenti, avvenuti in un arco temporale compreso tra 750.000 e 13.000 anni fa. All'interno di questo raro ambiente geomorfologico, i massi erratici costituiscono l'evidenza geologica più spettacolare e significativa, testimonianza diretta dell'antica presenza del ghiacciaio e della sua straordinaria capacità di trasportare materiale per lunghe distanze. Talora di dimensioni gigantesche, di forma e composizione mineralogica assai varia, posti sempre lontano dalle formazioni rocciose geologicamente simili dalle quali furono strappati, essi vanno considerati veri e propri monumenti naturali, fondamentali testimoni della dinamica e del passato geologico del nostro territorio.

I massi erratici dell'anfiteatro morenico di Rivoli-Avigliana, proprio per le loro caratteristiche di rarità e di rappresentatività, rientrano a pieno titolo tra i "beni geologici" e costituiscono una componente essenziale del nostro patrimonio naturale, ma non solo. Infatti, essi sono anche una "finestra" su un passato storico-culturale regionale ormai quasi dimenticato: per la loro forma, la loro mole e la loro posizione, spesso curiosa e dominante rispetto al paesaggio circostante, questi massi hanno da sempre colpito l'immaginazione dell'uomo. Quello primitivo ne incise la superficie con coppelle e canalette che ancora oggi suscitano tra gli archeologi accesi dibattiti sul loro reale significato (i primi studi sulle incisioni rupestri in Italia – fuori della Valle delle Meraviglie, ora in territorio francese – sono avvenuti proprio nel territorio dell'anfiteatro morenico di Rivoli-Avigliana); quello storico, vi incise croci e vi impiantò piccole cappelle per esorcizzare le antiche credenze precristiane legate al culto delle pietre, sopravvissute fin quasi ai giorni nostri nelle tradizioni e nel folklore popolare; quello moderno, alpinista o arrampicatore, vi vede palestre di solida roccia in grado di offrire valide alternative alle vie alpine. Tuttavia, se da un lato i massi erratici, e in particolare quelli dell'anfiteatro morenico di Rivoli-Avigliana, hanno dato vita a complessi dibattiti scientifici sulla loro origine ed hanno contribuito a far nascere molte credenze popolari, dall'altro sono stati spesso visti come ostacolo alle colture o come roccia già naturalmente cavata e trasportata a valle, ideale per la produzione di materiale da costruzione. L'opera di distruzione iniziata nei secoli passati continua sotto i nostri occhi. Oggi la minaccia maggiore per i massi erratici è rappresentata dall'espansione edilizia e dalla speculazione che interessa l'intero territorio dell'anfiteatro.

Rileggendo la storia geologica e culturale di questi imponenti monumenti naturali, è evidente il loro valore ambientale e sociale. I massi erratici, veri e propri documenti della storia naturale della Terra, luogo di incontro fisico ed ideale delle popolazioni del territorio attraverso miti, leggende, religioni e sport, sono siti che per valore scientifico e paesaggistico, memoria storica, fruibilità sportiva e didattica, devono essere tutelati e conservati affinché anche le generazioni future possano usufruirne. E naturalmente, per poter tutelare e conservare, occorre prima conoscere... Tale è lo scopo di questa mostra e di questo volume.

*Masso erratico sulle pendici del* Moncuni.

*Capitolo 1* ________

# I MASSI E LA STORIA GEOLOGICA DELLA VALLE DI SUSA

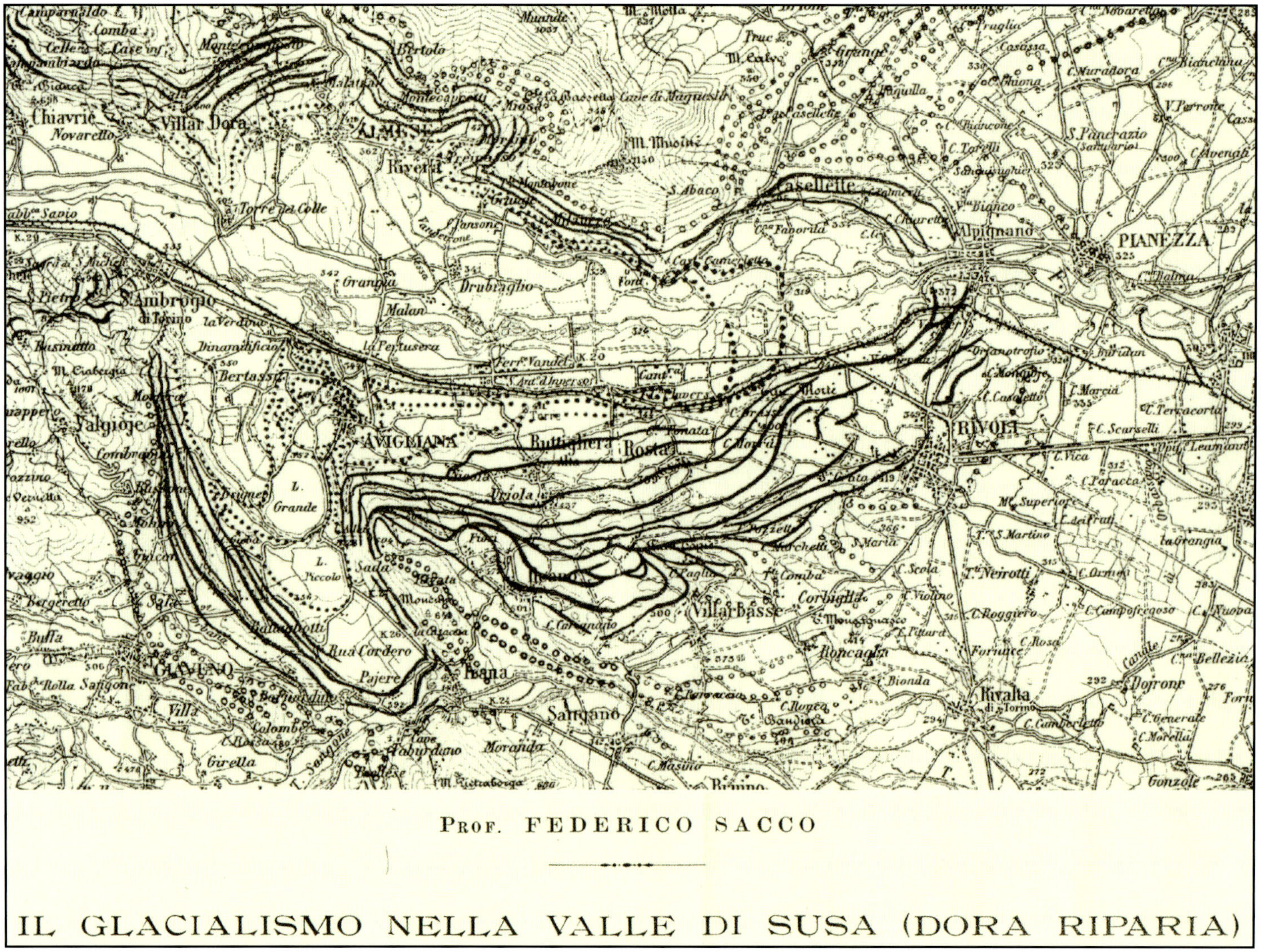


*Dettaglio della carta del territorio collinare con evidenziate le cerchie moreniche (F.Sacco, 1921).*

# L'ANFITEATRO MORENICO TRA MONTAGNA E PIANURA

*di Michele Motta*

A mano a mano che le Alpi s'innalzano, per lo scontro fra le placche tettoniche europea e africana, l'erosione asporta da esse una gran quantità di materiali che si riversano nelle pianure circostanti. Le forme di accumulo fluviale sfuggono a chi percorra la pianura, e sono riconoscibili solo in una carta altimetrica dettagliata. Gli anfiteatri morenici costruiti dai ghiacciai, al contrario, sono talmente rilevati da non essere rappresentabili in una carta di questo tipo, perché le isoipse sarebbero troppo fitte.

È una singolare coincidenza che l'unico importante processo d'accumulo oggi inattivo in pianura (da una decina di migliaia d'anni) sia anche il più grandioso, come enormi sono i suoi massi erratici, a fronte dei piccoli ciottoli dei fiumi.

Nella carta, che mostra l'altimetria solo della Pianura Padana, sono visibili, oltre agli anfiteatri morenici, grandi conoidi alluvionali sovrapposte l'una all'altra, formate dai materiali dei fiumi alpini: Maira, Varaita, Chisone, Stura di Lanzo, Orco per citare i maggiori. Un "grembiule" con la medesima pendenza delle conoidi ma di materiale asportato a opera dei corsi d'acqua minori dai depositi glaciali, cinge il lato esterno degli anfiteatri morenici. Su quello valsusino sorgono Collegno, Grugliasco e Torino.

All'interno degli anfiteatri, invece, si hanno le aree più pianeggianti della pianura, punteggiate di laghi.

Il "grembiule" valsusino si è esteso sino alla Collina di Torino, un rilievo in rapido sollevamento: costringe così il Po all'altezza di Torino in un angusto corridoio rettilineo. Probabilmente subito dopo la massima glaciazione questo passaggio era ancora più ostruito, tanto che per qualche tempo il Po scorreva verso l'Adriatico passando a Sud della Collina di Torino.

L'intero assetto delle pianure piemontesi è stato a lungo assoggettato alle capricciose variazioni d'estensione dei grandi ghiacciai, a loro volta espressione del mutevole clima del Quaternario.

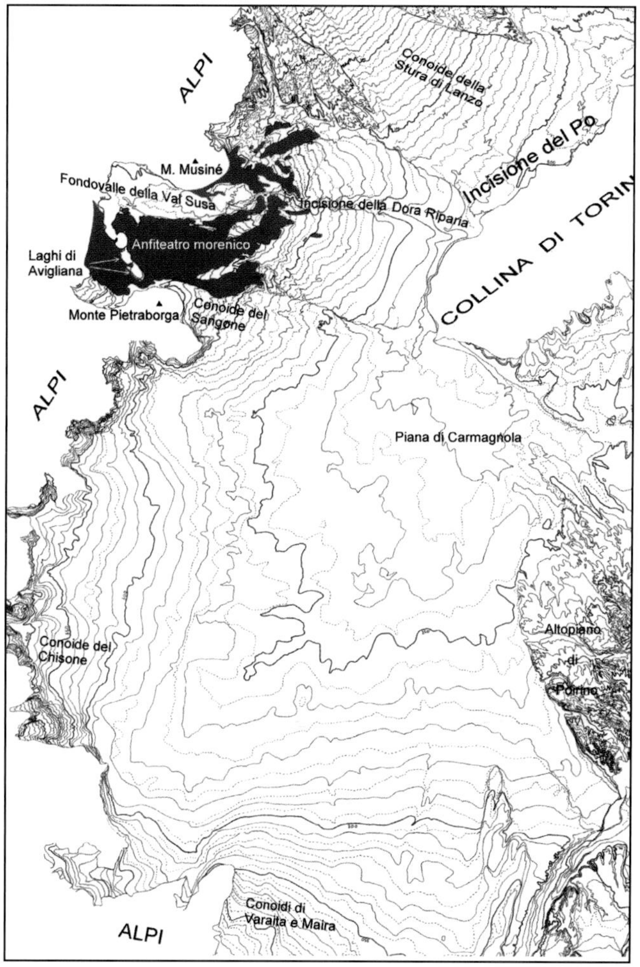


*Cartina altimetrica dell'anfiteatro morenico.*

# L'ERA GLACIALE

## *di Michele Motta*

Nel corso del Pleistocene medio i ghiacciai avanzarono per due volte dalla Valle di Susa sino alla pianura. I segni lasciati dalla seconda glaciazione sul territorio, benché questa sia stata inferiore alla prima per intensità, sono oggi più evidenti perché le sue morene, avendo la metà dell'età delle precedenti, sono più alte e meglio conservate.

Alle glaciazioni si alternarono lunghi periodi di clima temperato come l'attuale, o talmente caldo da alterare le pietre in ferretto, il suolo argilloso rosso vivo così comune in Piemonte.

Nell'ultima avanzata il ghiacciaio, ostacolato dalle morene delle glaciazioni precedenti, si divise in due lobi uno dei quali risalì la parte terminale della Val Sangone, a quel tempo affluente della Dora. Il Sangone fu quindi costretto a trovare un nuovo sbocco in pianura, incidendo una forra fra Trana e Giaveno. L'antico spartiacque fra Val Sangone e pianura è la dorsale del Monte Cuneo (*Moncuni*), costellata di massi erratici. L'ultima glaciazione, come le precedenti, conobbe stadi di avanzata alternati a interstadi di relativo ritiro dei ghiacci. Presso Avigliana, la morena frontale lasciata da ogni stadio delimita un lago o una palude: Torbiera di Trana, Lago Piccolo, Lago Grande e Palude dei Mareschi.

Fra 17.000 e 10.300 anni fa, il riscaldamento globale ridusse i ghiacciai alle dimensioni attuali. Col ritiro glaciale si formò un grande lago a monte delle morene frontali. L'emissario incise rapidamente lo sbarramento morenico presso Pianezza, e al tempo stesso la Dora Riparia colmò il lago con i suoi sedimenti, lasciando come unico residuo dell'antico bacino il Lago Grande di Avigliana.

*L'anfiteatro morenico testimonia grandiosi paesaggi glaciali oggi scomparsi dall'Europa (immagine pagina a fianco).*

*Cronologia delle glaciazioni quaternarie basata sugli studi di Penk e Brückner sulle Alpi svizzere e austriache*

| Anni | Stadi | | | Caratte climatic |
|---|---|---|---|---|
| | Sub-atlantico | Post-Glaciale | Olocene | forti oscillaz climatiche. 3 principa avanzate glaciali |
| | | | | freddo, c due avanz glaciali |
| 800 a.C. | Sub-boreale | | | mite sec |
| 2.600 a.C. | Atlantico sup. | | | caldo umi |
| 4.000 a.C. | Atlantico inf. | | | mite umid |
| 5.500 a.C. | Boreale | | | mite |
| 7.000 a.C. | Pre-boreale | | | caldo sec |
| 8.300 a.C. | Dryas III | ardi-Glaciale | ore (Würm) | freddo se |
| 8.800 a.C. | Alleröd | | | caldo |
| 9.800 a.C. | Dryas II | | | freddo |
| 0.350 a.C. | Bölling | | | caldo |
| 1.300 a.C. | | | | |

*Stati climatici ed evoluzione culturale negli ultimi 75000 anni*

| Anni | Stadi | | | Carattere climatico | Industrie litiche | |
|---|---|---|---|---|---|---|
| | Sub-atlantico | Post-Glaciale | Olocene | forti oscillazioni climatiche, con 3 principali avanzate glaciali | Epoca storica | |
| | | | | freddo, con due avanzate glaciali | Età del ferro | |
| 800 a.C. | Sub-boreale | | | mite secco | Età del bronzo | |
| 2.600 a.C. | Atlantico sup. | | | caldo umido | Neolitico | |
| 4.000 a.C. | Atlantico inf. | | | mite umido | | |
| 5.500 a.C. | Boreale | | | mite | Mesolitico | |
| 7.000 a.C. | Pre-boreale | | | caldo secco | | |
| 8.300 a.C. | Dryas III | Tardi-Glaciale | Pleistocene superiore (Würm) | freddo secco | Magdaleniano | Paleolitico superiore |
| 8.800 a.C. | Alleröd | | | caldo | | |
| 9.800 a.C. | Dryas II | | | freddo | | |
| 10.350 a.C. | Bölling | | | caldo | | |
| 11.300 a.C. | Dryas I | | | freddo | | |
| 14.000 a.C. | Lascaux | | | mite | | |
| 15.000 a.C. | W III | | | glaciale | Gravettiano | |
| 25.000 | Paudorf | Glaciale | | fresco | Aurignaziano | |
| 30.000 | W2 | | | glaciale | Musteriano | Paleolitico medio |
| 45.000 | W1-W2 | | | fresco | | |
| 55.000 | W1 | | | glaciale | | |
| 75.000 | Eemiano | | | temperato caldo | | |

# CAMBIA IL TERRITORIO
# CAMBIA LA FAUNA

## *di Michele Motta*

Durante le glaciazioni le Alpi assomigliavano alle attuali montagne antartiche. Anche dove non giungevano i ghiacciai, il clima freddo aveva sostituito la foresta di latifoglie del pliocene con una landa desolata, simile all'attuale Subartico. Giunsero dall'Artide "ospiti freddi": volpe polare, bue muschiato e un parente dell'orso bruno.

Nelle fasi interglaciali il territorio si trasformava: nell'interglaciale del Pleistocene inferiore, il clima tropicale umido permetteva agli ippopotami di vivere in Italia; in quello successivo, è documentata la presenza di elefanti e rinoceronti. Nell'ultimo interglaciale il Piemonte ospitava rinoceronti, iene ed elefanti, in un ambiente paragonabile alle attuali savane africane. Questi "ospiti caldi" erano costretti a migrare o a scomparire quando i ghiacciai tornavano ad avanzare.

Nel corso dell'ultima glaciazione le colline moreniche, come l'attuale Terra del Fuoco, erano prive di alberi e spazzate da venti secchi, che alzavano nuvole di polvere che si depositava sulla Collina di Torino e di Poirino sotto forma di sabbia finissima (*löss*). Accanto all'orso delle caverne ed al mammuth, vi erano cinghiale, cervo, renna, cavallo.

Nell'ultimo stadio glaciale scesero in pianura animali alpini (stambecco, marmotta), accanto ad alce e castoro, oggi eliminati dalla caccia. L'anfiteatro morenico era allora ricoperto da una steppa di graminacee e artemisia, con rari pini.

I depositi lacustri permettono di ricostruire bene i paleoambienti perché favoriscono la conservazione di resti organici. Dalla loro analisi è emerso che presso l'odierna Torbiera di Trana crescevano ginepri, brugo e alte erbe, nelle aree più riparate i faggi. Verso il 13.000 a.C. si diffuse una pineta con larici, betulle e noccioli; rimase abbondante l'artemisia. Ai bordi del Lago Grande crescevano olivelli spinosi e salici.

6.000 anni fa si diffusero alberi amanti del caldo: querce, olmo, tiglio; sui versanti più umidi ed ombrosi prese dimora l'abete bianco. Il querceto misto, ancor oggi presente, rimase dominante sino alle trasformazioni indotte dall'uomo, come la diffusione del castagno.

Fino ad età protostorica la grande fauna, non ancora impoverita da millenni di caccia, era formata da cinghiale e capriolo oltre che da lupo, cervo, daino, asino selvatico europeo e uro.

***LaTorbiera di Trana al termine del Pleistocene superiore doveva assomigliare alle attuali paludi scandinave.***

***Durante le glaciazioni le Alpi assomigliavano alle attuali montagne antartiche della Terra Vittoria Settentrionale (immagine pagina a fianco).***

*Vista su Druine e Laghi di Avigliana dal Col Buchet.*

# COS'HANNO LASCIATO LE GLACIAZIONI

*di Luigi e Michele Motta*

## L'ANFITEATRO MORENICO DI RIVOLI-AVIGLIANA

Le colline allo sbocco della Valle di Susa sono disposte a formare cordoni allungati concentrici e digradanti verso il centro, come i gradini di un'arena romana. Poiché questi rilievi sono morene, create dalla deposizione dei materiali ad opera del ghiacciaio valsusino, i geomorfologi hanno chiamato questo complesso anfiteatro morenico. Ad uno sguardo superficiale pare un insieme omogeneo, ma le diverse cerchie moreniche sono state formate da diverse espansioni glaciali avvenute a notevole distanza di tempo l'una dall'altra.

Le morene più vicine a Torino hanno da 700.000 a 400.000 anni, e la loro forma originaria è stata quasi completamente rimodellata dall'azione erosiva della Dora, del Sangone e dei corsi d'acqua minori, mentre le morene più interne, molto più giovani (80.000 - 11.000 anni), conservano bene l'aspetto originario di lunghe creste orizzontali.

Lo stato di conservazione dei rilievi dipende, oltre che dalla loro età, anche dall'attività dei processi erosivi locali: ad esempio le morene laterali deposte a mezza costa sui rilievi alpini (Monte Curt e Rocca Sella in sinistra orografica, Monte Ciabergia e Monte Pirchiriano in destra) sono in gran parte erose e franate, mentre l'approfondimento degli alvei dei fiumi Dora e Sangone ha inciso terrazzi nelle morene più vicine, distruggendole parzialmente.

## FORME FLUVIALI DELL'ANFITEATRO

Le morene, a differenza delle normali colline, non sono ammassi rocciosi modellati dall'erosione dei corsi d'acqua ma depositi glaciali accumulati direttamente con quella forma: così il paesaggio morenico ha avvallamenti che sembrano larghe valli fluviali, ma non hanno corsi d'acqua significativi (è il caso, ad esempio, della valle di Villarbasse). Il reticolo idrografico si è sviluppato successivamente alle glaciazioni, adattandosi alla morfologia creata da queste, e si presenta così molto diverso sui versanti opposti di una morena. Il versante rivolto verso la pianura, poco inclinato, in origine era percorso dall'acqua che sgorgava dal ghiacciaio che poco a poco creava gli scaricatori glaciali, lunghe vallecole sinuose a fondo piatto (come ad esempio la Valletta di Pra Basse), in cui si alternano tratti pianeggianti, sovente paludosi (come la Piana dei Mareschi), e tratti ripidi, in cui l'alveo è molto profondo. Il versante opposto delle morene, un tempo a contatto con il ghiaccio (il versante Sud-Ovest del *Moncuni*), è ripido e uniforme e l'acqua vi scorre solo durante le piogge intense, in piccoli rii paralleli.

Col tempo molti corsi d'acqua, erodendo le morene, ne hanno interrotta la continuità, stravolgendo il reticolo idrografico originario. Ad esempio il Rio di Reano, affluente del Sangone, allargando progressivamente il proprio bacino idrografico, ha già intercettato il reticolo drenante il versante Nord-Est del *Moncuni*, ed è quasi sul punto di intercettare anche le acque del versante Sud-Est del Forte, che per il momento confluiscono nella valletta di Pra Basse lungo il tracciato dell'antico scaricatore glaciale. Queste "catture fluviali", molto frequenti in Piemonte nei corsi d'acqua di ogni dimensione, dal Tanaro ai rii minori, sono la conseguenza dei mutamenti di quota in vari settori della Pianura Padana, avvenuti dalla fine dell'ultima glaciazione ad oggi e dovuti sia alla neotettonica, in altre parole ai movimenti verticali del terreno, sia alla sedimentazione di ingenti depositi, come appunto le morene. Improvvise deviazioni a gomito, visibili in molti rii dell'anfiteatro morenico, indicano con precisione il punto in cui è avvenuta la cattura.

## LE CERCHIE MORENICHE

A Sud della Dora sono ancora oggi conservate ben quindici di queste cerchie moreniche. Le tre più interne e recenti sono quelle di Grignetto, Meana-Torre di Buttigliera e Saba-Buttigliera Alta, unanimemente datate dai geologi al Pleistocene superiore. Pur non essendo molto rilevate si possono seguire per quasi tutto l'anfiteatro, sia perché si presentano ben conservate, sia perché a Sud di Avigliana delimitano depressioni chiuse, occupate dalla Piana dei Mareschi (mareschi = acquitrini), dai laghi Grande e Piccolo di Avigliana e dalla Torbiera di Trana.

Le cerchie moreniche più antiche, formate da basse creste interrotte dalle incisioni degli scaricatori glaciali, in alcuni tratti appaiono mal conservate. Ad esempio quella che passa presso la località Case Davì ad Avigliana, sul versante occidentale del *Moncuni* è stata quasi completamente erosa, e ne è rimasta traccia solo per i massi erratici che conteneva, in alcuni casi troppo grandi per essere trascinati via dalle acque. Questi massi formano un allineamento che giunge fino al Forte di *Moncuni*, dove la morena è ancora conservata sotto forma di una lunga cresta che prosegue fino a Rosta.

Anche la più antica morena di Case Udrito, fra le più lunghe ed elevate della zona di Avigliana, sul *Moncuni* è ridotta a un allineamento di massi erratici. Sul Forte ridiventa la morena principale e continua sino a *Truc Morté* (467 m s.l.m.) e Col Giansesco (372 m s.l.m.).

Le cerchie più esterne della zona di Avigliana (di Rio Brocco e Colpastore), non comprendono allineamenti di erratici, ma s'interrompono contro il versante Sud Ovest del *Moncuni*. Presso il Forte riprendono in quattro morene distinte, che poco dopo confluiscono in due soli cordoni morenici. Dopo l'interruzione dello scaricatore di Reano-Villarbasse, questi due cordoni continuano a Sud di Rosta, per giungere uno presso *Bric* della Donna, l'altro presso Villa Toscanelli. Sono ben conservati solo presso il Forte e a Sud di Rosta. Altrove le creste originarie rimangono solo sotto forma di bassi rilievi allineati, completamente spianati dove l'erosione è stata più intensa.

*Regione del Forte di* Moncuni. *T = morena di Torre di Buttigliera; B = morena di Buttigliera Alta; R = morena di Rosta; M = morena di* Truc Morté; *D = morena di* Bric *della Donna; F, F1, F2 = morene del Forte; C = morena di Cresta Grande (prosecuzione a ridosso del* Moncuni*); c = cresta del Forte (originata dall'erosione fluviale, benché formata da depositi glaciali). Elaborazione da* Google Earth.

La cerchia che passa presso Giaveno (V in figura), la più esterna del settore dei Laghi di Avigliana, continua sul Forte. All'altezza di Reano è stata completamente erosa dai corsi d'acqua, mentre da Pian Topie (529 m s.l.m.) prende il nome di Cresta Grande e, passando dal Seminario, giunge sino al centro di Rivoli. È la morena più elevata e più nota dell'anfiteatro, anche perché si snoda a bordare l'antica strada comunale Rivoli-Reano. Fu attribuita da Gabert al Würm (come le morene di Case Udrito-*Truc Morté* e di Rio Brocco-Forte del *Moncuni-Bric* della Donna); secondo Petrucci è invece del Riss.

Unanimemente al Riss è attribuita la morena di *Truc Carlevé* (a Nord di Villarbasse), addossata al lato meridionale della Cresta Grande.

A Sud della vallata dello scaricatore glaciale di Reano-Villarbasse si estendono presso la pianura le tre cerchie più esterne ed antiche. Quelle di *Truc* Monsagnasco (414 m s.l.m.) e *Truc* Bandiera (406 m s.l.m.) sono alte, ma poco continue. Il cordone intermedio, che termina nell'abitato di Rivalta, è basso ma più lungo e continuo. Per Gabert sono attribuibili al Riss; per Petrucci al Mindel, la glaciazione precedente.

Non esistono cerchie più esterne di quelle ricordate, ma depositi glaciali si ritrovano anche alla destra orografica del Torrente Sangone, mentre un masso erratico è presente anche presso Collegno, a dimostrazione del fatto che in tempi più remoti avvenne un'espansione glaciale ancora più estesa di quelle di cui resta testimonianza nelle cerchie moreniche superstiti.

A nord della Dora, fino a Rivera le morene sono state completamente erose e ridotte a depositi glaciali senza forma. Dalla frazione Grange inizia la morena di Caselette. Bassa e poco appariscente si prolunga tuttavia sino ad Alpignano, salvo le interruzioni dello sperone roccioso presso il castello del Camerletto e di due scaricatori a 1-2 km da Alpignano. Oltre la Dora Riparia la sua prosecuzione è evidentemente la morena di Case Udrito-*Truc Morté*.

Il castello di Camerletto è edificato su una bassa morena, che borda una piana scavata dalla Dora Riparia (terrazzo fluviale). La morena raggiunge quasi il fiume all'altezza di Torre della Vigna, e sembra continuare sulla sponda opposta in un modestissimo rilievo, parzialmente demolito dall'erosione fluviale, raccordabile alla morena di Meana-Torre di Buttigliera.

Una seconda morena, culminante con il *Truc* della Pra, si chiude sul corso della Dora Riparia circa 1,2 km a valle della precedente, all'altezza dell'abitato di Caselette. Questa morena sembra correlabile con quella di Saba-Buttigliera Alta (si veda lo schema a p. 26).

Presso Caselette alla morena su cui sorge il paese si affiancano morene più esterne. Le due più vicine (di Alpignano e di C.ne Bussone) sono molto basse ed interrotte da scaricatori glaciali fra Cascina Costa ed Alpignano. La morena che borda a Sud i laghi di Caselette è più alta, giunge sino a Pianezza e comprende i grandi massi erratici noti come Pietra Alta e *Roc* di Pianezza. È attraversata dalla Dora all'altezza di Pianezza, ed è correlabile alla cerchia morenica di Giaveno - Cresta Grande. Una morena appena accennata, interrotta da due scaricatori glaciali, borda a Nord i laghi di Caselette e Sclopis, e sembra confluire nella precedente verso Fornace Chiaretta.

L'ultima morena di questo lato dell'anfiteatro, detta di S. Pancrazio, va da Grange di Brione a Monte della Barca, presso Pianezza, ove termina contro la Dora Riparia. È talmente erosa da apparire come una cresta appena in rilievo, nella sua parte occidentale frammentata in bassi rilievi isolati. Uno scaricatore l'attraversa immediatamente a Sud di S. Pancrazio.

Fra i rilievi costituiti dai cordoni morenici sono presenti conche chiuse, occupate da laghi e torbiere. In destra orografica, oltre alla zona di Avigliana già ricordata, esistono due piccole torbiere poste fra la Cresta Grande e il cordone morenico di *Truc Carlevé*. Una, nota come stagno Pessina, è stata modificata artificialmente a guisa di minuscolo laghetto. In sinistra orografica vi sono i due Laghi di Caselette, uno dei quali interamente colmato, ed il lago Sclopis, anch'esso modificato artificialmente.

| Morene in destra idrografica della Dora | Morene in sinistra idrografica | Chiusura sulla Dora a monte di M. della Barca | Petrucci, 1970 | Gabert, 1962 |
|---|---|---|---|---|
| M. di Grignetto | | | Würm (1) | Würm |
| M. di Meana - Torre di Buttigliera | M. del Camerletto | 6,5 km | | |
| M. di Saba - Buttigliera Alta | M. di Truc della Pra | 5,6 km | | |
| M. di Case Davì - Rosta | - | 3,3 km | Riss | |
| M. di Case Udrito - Truc Morté | M. di Caselette | 2,3 km | Riss II | |
| M. di Brocco - Bric della Donna | M. di Alpignano | 1,9 km | Riss (2) | |
| M. di Colpastore - Forte del Moncuni (3) | M. di C.ne Bussone | 1,3 km | | |
| M. di Giaveno - Cresta Grande | M. dei Laghi di Caselette-Pianezza | 0,9 km | | |
| M. di Truc Carlevé | M. a Nord dei Laghi di Caselette | Maldistinta | | Riss |
| M. di Truc Monsagnasco | M. di S. Pancrazio | 0 km | Mindel | |
| M. di Rivalta | | | | |
| M. di Truc Bandiera | | | | |

*Età e punto d'intersezione con la Dora delle cerchie moreniche. ([1]) La parte W delle morene di Meana e Saba è del Würm in uno schema del lavoro, del Riss nella carta allegata. ([2]) Nella carta allegata al lavoro, le morene dei Laghi di Caselette e di Truc Carlevé sono attribuite al Riss II, mentre quella di Giaveno - Cresta Grande e quella a N dei Laghi di Caselette sono riferite genericamente al Riss. ([3]) Sul Forte, a questa morena se ne aggiungono esternamente altre due, che sembrano confluire in essa.*

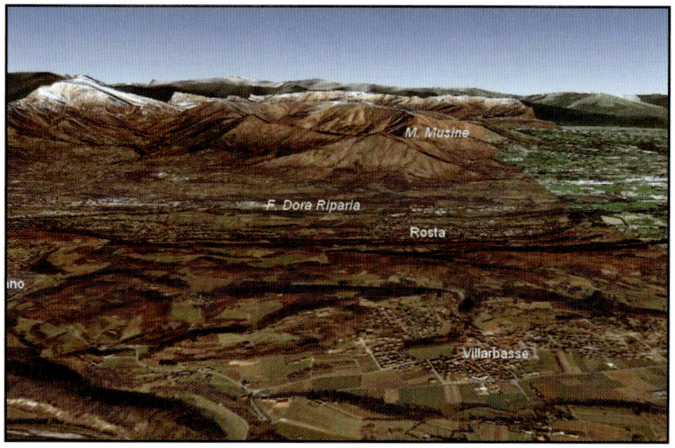


*Morene (marrone scuro) tra Reano e Rivoli.*

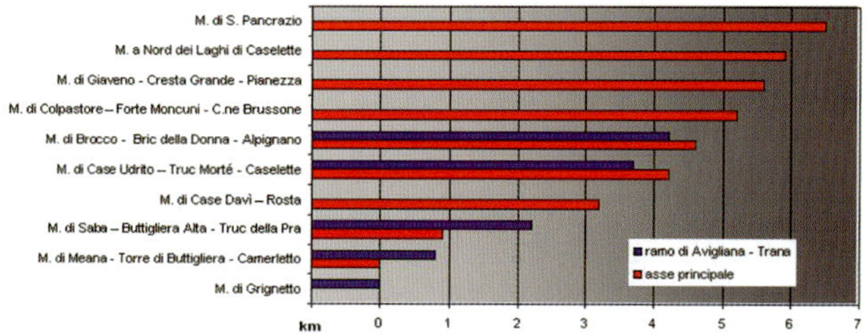


*Distanze planimetriche fra le cerchie moreniche dell'anfiteatro, e la cresta della morena più recente riconosciuta, nel ramo di Avigliana-Trana e lungo l'asse principale della valle (in corrispondenza dell'attuale corso della Dora).*

# SUPERFICI ROCCIOSE E GLACIAZIONI

## *di Luigi e Michele Motta*

Le rocce dell'anfiteatro morenico e dei suoi dintorni hanno una grande varietà d'aspetti, avendo avuto tre possibili storie geologiche, a seconda che siano state toccate o no dal ghiacciaio e dai suoi depositi:

- superfici non toccate dall'esarazione glaciale, con forme potenzialmente antichissime, prequaternarie;
- superfici esarate dal ghiacciaio e rimaste esposte con la deglaciazione, le cui forme superficiali non sono più antiche del Pleistocene medio;
- superfici esarate dal ghiacciaio e sepolte da *till*, le cui forme d'alterazione sono nate dopo la riesumazione, operata dal ruscellamento diffuso nel corso dell'Olocene.

Sui versanti mai toccati dall'esarazione glaciale i processi di degradazione, operanti almeno dal Pleistocene medio, hanno quasi completamente disgregato le rocce affioranti. Fanno eccezione le creste spartiacque e i versanti dove si alternano rocce facilmente erodibili, e rocce più resistenti che, demolite più lentamente, formano speroni rocciosi in rilievo. Le forme più tipiche delle rocce affioranti sono i *tor*, cataste di blocchi rocciosi, in parte completamente isolati dal substrato, ma che non hanno subito processi di trasporto. I *tor* abbondano sulle creste dei rilievi alpini sovrastanti l'anfiteatro morenico, mentre mancano nelle Alpi più elevate, dove sono stati asportati dai ghiacciai: così la loro presenza distingue le aree non toccate dall'ultima glaciazione.

Allo sbocco delle valli Susa e Sangone pochissime superfici rocciose esarate dal ghiacciaio e rimaste esposte con la deglaciazione non sono state modificate dall'uomo. Le più belle si trovano sulla cresta Nord del Monte Pirchiriano, dove mostrano ben conservati segni dell'esarazione glaciale sino verso i 750 m s.l.m., che è anche la quota del terrazzo glaciale su cui sorge San Pietro, forse formato nel Pleistocene medio. In altre pareti della bassa valle, di roccia più alterabile, come le pareti sopra Caprie, i diecimila anni intercorsi dall'ultima glaciazione a oggi sono stati più che sufficienti ad alterare totalmente la superficie, dandogli l'aspetto del formaggio gruviera (*honeycombing*).

Le superfici di diversi massi erratici sono caratterizzate da alterazione scarsa o nulla, tanto che si possono talvolta osservare le superfici d'esarazione glaciale originarie. Ciò indica una storia geologica di esarazione glaciale, seppellimento sotto gli altri depositi morenici e recente riesumazione. Tuttavia, alcuni processi di degradazione sono talmente rapidi che possono interessare anche questo gruppo di superfici, nonostante siano esumate da pochi secoli. Diversi massi erratici tendono a suddividersi dopo l'esumazione in blocchi minori lungo i giunti, a causa sia del proprio stesso peso (*Pera Filbert*, Pietra Salomone), sia dell'azione delle radici di alberi quali il bagolaro, che s'insediano sui massi allargando le fessure della roccia in tempi comparabili con quelli della vita umana. Sulle superfici sommitali l'accumulo di foglie degli alberi facilita il ristagno dell'umidità e con esso la formazione di un suolo e l'alterazione chimica. Sulle "pietre verdi" lo sviluppo di forme d'alterazione chimica ha velocità tale da originare forme ben definite in qualche secolo di esposizione della roccia agli agenti atmosferici.

Se si osserva quali minerali siano alterati e in che misura, si vede che i minerali più alterabili (pirosseni e anfiboli), sono quasi sempre in parte alterati, i minerali mediamente alterabili (serpentino e miche) si alterano solo dove le fessure concentrano l'umidità e favoriscono le azioni biologiche; infine il K-feldspato e il quarzo rimangono sempre inalterati. È un tipo d'alterazione pienamente compatibile con l'attuale clima temperato della regione, a dimostrazione che l'alterazione è recente e avvenuta dopo la riesumazione.

Non tutti i massi erratici sono stati seppelliti e riesumati: per alcuni è quasi certo che fossero già in superficie al momento della deposizione, come quelli del versante sudoccidentale del *Moncuni*, dove il *till* è solo una sottile copertura sulle serpentiniti e lherzoliti del substrato. In questi casi, sono presenti forme d'alterazione anche su rocce costituite da minerali resistenti, come gneiss granitoide o serpentinite.

Qui di seguito tre immagini rappresentative delle possibili storie geologiche delle superfici rocciose nell'anfiteatro:

*1. Superfici non toccate dall'esarazione glaciale, con forme che possono avere età prequaternarie, superiori ai due milioni di anni.*

*2. La vaschetta d'alterazione alla sommità del Masso 27* (Moncuni)*, di gneiss granitoide pochissimo alterabile. È un esempio tipico di forma d'alterazione sviluppata su una superficie esarata dal ghiacciaio, e ha probabilmente richiesto migliaia d'anni d'esposizione all'aria per svilupparsi.*

*3. All'estremo opposto, questa "roccia montonata" sopra Foresto è la tipica forma glaciale originaria delle superfici esarate dal ghiacciaio valsusino. È stata cioè modellata dal ghiaccio, e non dagli agenti atmosferici. I buchi triangolari sono le cicatrici dei blocchi strappati dal ghiacciaio alla roccia.*

# IL GRANDE LAGO POSTGLACIALE DI RIVOLI

*di Roberto Sabbi*

Il lago di Rivoli, sulla cui reale esistenza gli studiosi non sono concordi, si sarebbe formato circa 10.000 anni fa, nel corso dell'ultima glaciazione, a seguito della formazione di un arco morenico che sbarrava la Dora in prossimità dell'attuale abitato di Alpignano.

Uno dei primi e più autorevoli sostenitori dell'esistenza del grande lago postglaciale fu Federico Sacco che nel 1928 scrisse dei due grandi laghi formatisi «in Piemonte dopo il ritiro dei ghiacci pleistocenici, quello di Rivoli al termine di Val di Susa e quello d'Ivrea allo sbocco della Valle d'Aosta». In effetti, all'epoca di Sacco l'estensione dei ghiacciai alpini era decisamente superiore a quella odierna e quindi i geologi avevano maggiore possibilità di verificare le loro teorie tramite l'osservazione diretta. Secondo lo studioso cuneese, l'area lacustre occupava presumibilmente tutta l'area della bassa Valle di Susa tra Alpignano e Sant'Ambrogio e «trasversalmente la sua lunghezza era varia, da uno a tre e più chilometri secondo le regioni [...] con una superficie complessiva di una trentina di chilometri quadrati».

## IL MODELLO DIGITALE

I modelli digitali presentati analizzano le trasformazioni naturali subite dal territorio collinare tra Rivoli e Avigliana durante il Pleistocene medio e superiore e sono utilizzati per verificare le ipotesi sulla formazione del lago di Rivoli.

Il modello virtuale divide i dati in due classi altimetriche, una comprendente i punti con quote fino a 355 m s.l.m., e l'altra contenente i punti superiori a questa quota.

Su questa rappresentazione è stato tracciato un poligono contenente solo la porzione di territorio occupata dal lago, con esclusione di tutte quelle parti che, pur essendo ad una quota inferiore/uguale a 355 m s.l.m., non potevano far parte del bacino. Interpolando i dati sono stati individuati prima i punti contenuti nel poligono e successivamente, quelli, tra questi, con quota inferiore-uguale a 355 m s.l.m.

*1*

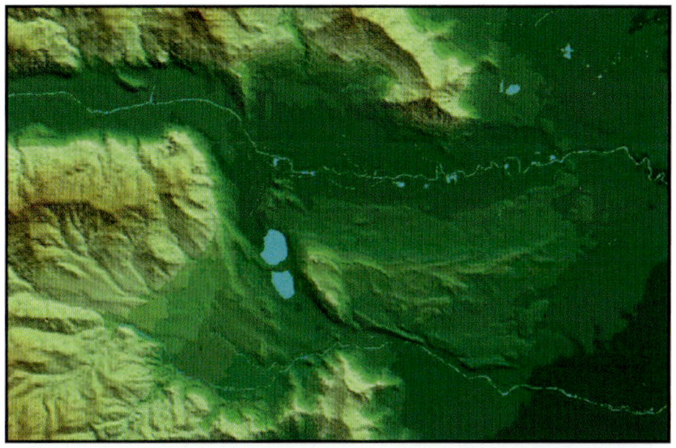

*2*

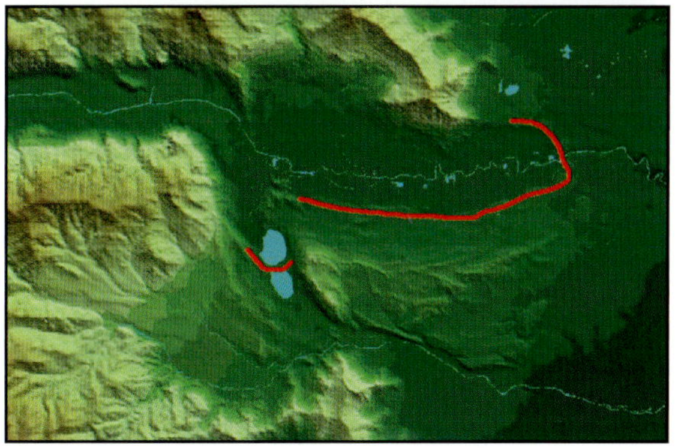

*1. Modello digitale della morfologia attuale del territorio.*
*2. La linea rossa evidenzia l'andamento della cresta dei cordoni morenici che ha fatto da sbarramento al lago pleistocenico di Rivoli.*

3

4

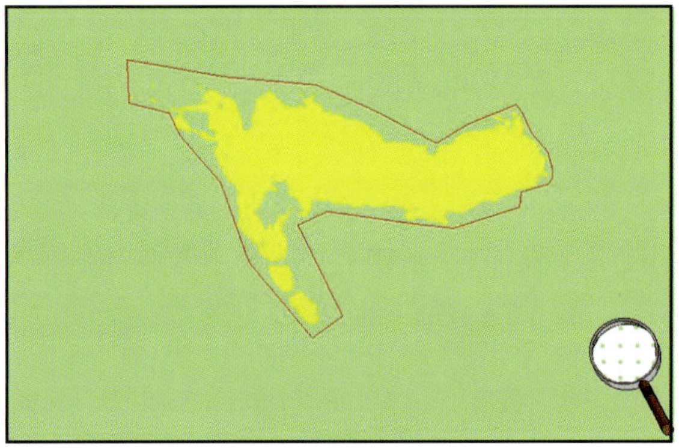

*3-4. In giallo sono rappresentati i punti contenuti nel poligono. Sempre in giallo sono rappresentati i punti contenuti nel poligono (contorno rosso) con quota inferiore ai 355 m s.l.m.*

Viene così individuata in pianta la forma del lago. Per ottenere un risultato più reale, a tutti i punti appartenenti al lago è stata assegnata la quota di 355 m s.l.m., in modo da simulare lo specchio dell'acqua. Infine, inserendo alcuni altri elementi, come ad esempio i fiumi e gli altri laghetti della zona, si è potuta ricostruire la situazione verificatasi su questo territorio circa 10.000 anni fa.

Il lago risulterebbe avere un'estensione di 38,600 km$^2$, una lunghezza di circa 12,565 km ed una larghezza variabile tra i 2.100 e i 3.300 m. La massima profondità, localizzata nell'attuale Lago Grande di Avigliana, è di 86 metri, mentre nella zona di Rivoli - Alpignano si raggiungono i 35. Individuando sul modello i punti con coordinata «z» inferiore/uguale a 312 m s.l.m., è stato possibile verificare quanto ipotizzato dal Sacco, ovvero che la forra di Alpignano avrebbe prosciugato il lago raggiungendo la quota di 310 m s.l.m.

Va infine rilevato che lo svuotamento dell'invaso dovette essere stato abbastanza rapido, come confermato dalla rarità delle testimonianze di depositi lacustri.

5

*5. Nell'immagine le aree con quota inferiore/uguale a 355 m.s.l.m. sono campite in azzurro, quelle con quota superiore, in verde. Da notare in questa rappresentazione quel che resta del cordone morenico che delimitava il lago verso est (nei pressi di Alpignano), eroso dalla "fiumana della Dora" che costituiva il principale scaricatore glaciale e che ha causato la scomparsa del grande lago.*

6

7

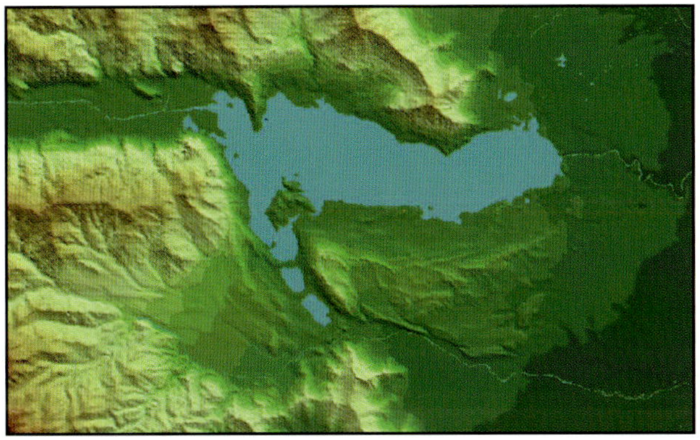

8

*6-7-8. Ricostruzione del lago postglaciale e dell'anfiteatro morenico di Rivoli-Avigliana visti da tre differenti prospettive.*

9

*8. Il lago di Rivoli con, sullo sfondo, il monte Musinè (a destra) e l'imbocco della Valle di Susa. In primo piano l'anfiteatro morenico.*

Roc Pomeri.

*Capitolo 2* ________

# L'UOMO E IL TERRITORIO

# LA PRIMA PRESENZA UMANA: L'INSEDIAMENTO PALAFITTICOLO DI TRANA

*di Rosa Boano, Gianluigi Mangiapane, Michele Motta, Donatella Minaldi*

L'insediamento su palafitte della torbiera di Trana è il risultato di un adattamento da parte dell'uomo dell'età del Bronzo all'ambiente palustre e lacustre. Questo insediamento è il più occidentale fra quelli simili noti in Svizzera e in Italia settentrionale. Gli uomini di Trana vivevano di caccia, pastorizia ed allevamento (bovini, suini, cavalli, cani).

Praticavano l'agricoltura, soprattutto la coltivazione di cereali (grano, orzo, miglio, avena) che venivano macinati nel villaggio, come dimostra il ritrovamento di una macina rotatoria realizzata in arenaria. Questa pietra, assente dall'area di Trana, potrebbe arrivare da oltre 50 km di distanza, dimostrando così collegamenti con altri gruppi umani. È Inoltre, attestata la raccolta di faggiole, ciliegie, lamponi, mele, pere, nocciole e ghiande, così come la fabbricazione di utensili in pietra, terracotta, legno, corno, osso e metallo, e l'attività tessile, testimoniata dal ritrovamento di una fusarola. La mancanza di necropoli ha fatto avanzare l'ipotesi che i morti venissero bruciati e le loro ceneri disperse. La religione era forse fondata sul culto solare, associato simbolicamente al cigno e alla ruota, come dimostrerebbe una forma di fusione ritrovata a Trana.

L'ambiente anaerobico delle torbiere favorisce la conservazione di legno e resti vegetali. Purtroppo, la maggior parte dei reperti organici inclusi nella torba di Trana sono però andati distrutti durante o subito dopo lo scavo, una volta giunti a contatto con l'aria. Solo alcuni di questi, realizzati con legno di quercia, ginepro, ontano, olmo e castagno, sono giunti fino a noi e sono attualmente conservati presso il Museo di Antropologia di Torino. Fra di essi ha particolare importanza un palo di fondazione usato per le palafitte, appuntito e carbonizzato a un'estremità, che testimonia la raggiunta consapevolezza, da parte dei palafitticoli, della maggiore durezza e durevolezza del legno scaldato al fuoco. Al contrario dei reperti inorganici, i legni sono databili in maniera assoluta col C14: misurato col metodo della Spettroscopia di Massa Atomica, un frammento del palo di fondazione ha dato un'età di 3340 ± 55 anni, corrispondente al III periodo dell'età del Bronzo (o alla parte finale del II).

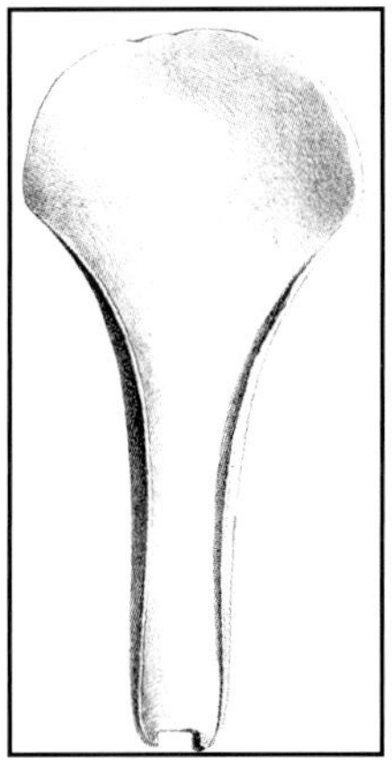

1

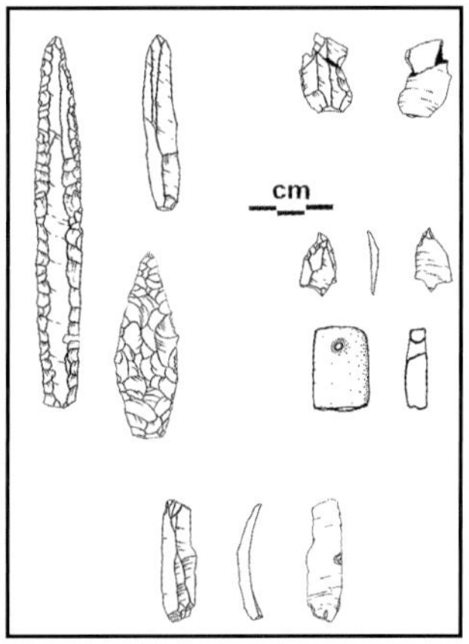


2

*1. Ascia da Trana (incisione di B. Gastaldi).*

*2. Industria litica da Trana. Pugnale, lama e cuspide di freccia riferibili alle fasi avanzate dell'antica Età del Bronzo ca. 1900-1600 a.C. (disegno di A. Bertone).*

Nota: *Parte dei reperti sono stati recentemente studiati ed alcuni risultati pubblicati nella tesi di laurea in Scienza e Tecnologia per i Beni Culturali della dott.sa Chiara Kanceff:* La collezione palafitticola di Trana nel Museo di Antropologia ed Etnografia: analisi dei materiali e dello stato di conservazione, *2005, sotto la direzione scientifica della prof.sa Emma Rabino Massa, direttrice del Museo di Antropologia ed Etnografia dell'Università di Torino.*

*Nella pagina a fianco la conca della Torbiera di Trana.*

# IL LAVORO DEI CANONICI ANTONIANI A RANVERSO

*di Mariella Longhetti*

Gli Antoniani erano un ordine di canonici ospedalieri fondato in Francia nel 1095 che si ispirava alla figura di S. Antonio Abate. Tra le loro principali fondazioni assunse particolare importanza in Piemonte la Precettoria di S. Antonio di Ranverso, posta sul percorso della Via Francigena.

La giornata degli Antoniani di Ranverso si divideva tra i compiti dell'ospitalità, rivolta soprattutto agli ammalati, e la cura, diretta od indiretta, delle terre.

In seguito ad acquisti e donazioni, i possedimenti degli Antoniani arrivarono a comprendere terreni nei territori di Rivoli, Rosta, Buttigliera e Avigliana, verso Almese e Alpignano, oltre la Dora e nell'alta valle in prossimità del colle del Moncenisio. Nel territorio della Collina Morenica, il *Camp 'd la Panada* nei pressi di Cascina Nuova (toponimo *Casin-a Növa*) ricorda, nella propria denominazione, il meccanismo di formazione dei possedimenti. Si tratta infatti di uno dei tanti campi che i contadini concedevano ai monaci in cambio dell'assistenza, simboleggiata in questo caso dal piatto piemontese detto, appunto, *Panata*.

È probabile che gli Antoniani conducessero direttamente solo la tenuta di Almese e che il resto dei loro beni fosse concesso in enfiteusi. I contadini che coltivavano le terre vicine a Ranverso erano ospitati nelle cascine adiacenti alla chiesa e al convento, una delle quali è ancora in attività. Tra il 1280 e il 1290 venne poi creata la bealera di Rivoli (di cui il "rio inverso" che dà il nome a Ranverso è una derivazione), utile per far funzionare il mulino, per irrigare le coltivazioni e dissetare gli animali. Grande importanza rivestiva l'*hospitale*, l'ospedaletto, la cui facciata è ancora visibile. Qui gli Antoniani accoglievano sia i pellegrini che si ammalavano durante il viaggio, sia i poveri e gli abitanti dei paesi circostanti che necessitavano di cure.

I malati più numerosi erano quelli affetti dal "fuoco sacro", un'infezione cutanea detta anche "fuoco di S. Antonio". Per curarla gli Antoniani utilizzavano il grasso di maiale ed è per questo che avevano ricevuto dal Papa l'autorizzazione ad allevare nelle loro tenute anche questi animali, oltre ai bovini ed ai capro-ovini. Ciò spiega anche perché il maiale sia spesso associato alla figura di S. Antonio Abate, insieme ad altri simboli come il fuoco e la lettera greca *tau*, la cui forma ricordava la stampella usata dagli ammalati cui era stata amputata una gamba.

Probabilmente la colonnina di granito, posta sul masso erratico a sinistra della chiesa, segnalava la presenza dell'ospedale e la disponibilità ad accogliere i viaggiatori.

*La colonnina e il masso a lato della Precettoria.*

# LA TORRE BICOCCA DI BUTTIGLIERA

## *di Liliana Boella*

La Torre Bicocca di Buttigliera Alta si erge per circa 13 metri su un cordone secondario della collina morenica, a 411 metri d'altitudine, tra Buttigliera e Ferriera. Essa fu probabilmente costruita nella seconda metà del '400, anche se la sua prima citazione in un documento scritto risale al 1619 quando «furono affisse su di essa le armi ducali», in occasione della presa di possesso del feudo di Buttigliera da parte del conte Giovanni Carron, che ne aveva acquistato i diritti dal duca Carlo Emanuele I di Savoia. Con le altre torri e castelli della bassa Valle di Susa, come quelli di Avigliana, Villardora, Almese, Caselette e Rivoli, faceva parte di un sistema di fortificazioni collegate a vista esistente sin dal medioevo e che, nato con scopi difensivi e di avvistamento, mantenne le sue funzioni fino alle soglie dell'epoca moderna (tra gli episodi bellici che interessarono direttamente o indirettamente la valle, il più rilevante fu l'assedio di Torino del 1706).

Come le altre fortificazioni della bassa valle, la Torre Bicocca era probabilmente utilizzata anche per segnalazioni notturne: lo testimonierebbero sia un'ordinanza del 1799 con la quale il comandante del presidio francese disponeva di provvedere al «fanale della Bicocca», sia il focolare ospitato in un'apposita struttura sulla piattaforma superiore della torre, ancora visibile in una cartolina dell'inizio del secolo scorso. Sul finire dell'Ottocento, dopo l'installazione sull'altura di San Grato in Rivoli del telegrafo ottico dell'abate Chappe, la torre fu probabilmente inserita nella linea di trasmissione Torino-Lione-Parigi.

Oggi restano, a testimoniare le vicende più oscure dei secoli passati, le ossa dei cavalli che la tradizione popolare vuole che a volte emergano dal suolo lavorato non lontano dalla torre e la presenza di due località i cui toponimi dialettali gettano un'ombra inquietante su questo luogo: *Pera Mala*, ossia "pietra cattiva", e *Ruinaas* cioè "rovinaccia". Anche il Ponte Sanchino, *U Sanchin*, che supera il canale di Rivoli a valle della torre, è legato ad un racconto tra il burlesco ed il tenebroso che rievoca il brigantaggio che infestava il territorio. Vi si narra della disavventura occorsa ad un mercante di Avigliana, Giuseppe, che, rientrando una notte verso casa, proprio nei pressi del ponte venne assalito dai banditi che lo derubarono dopo averlo malmenato.

*Torre Bicocca di Buttigliera Alta.*

# I *PICAPERA*

## *di Michele Motta*

Gli erratici sono formati da roccia molto ricercata nei secoli passati come materiale da taglio. La loro vicinanza ai luoghi d'utilizzo, riducendo i costi di trasporto, li rendeva assai attraenti per i cavatori. I massi di metagabbro e prasinite "Verde Alpi" erano particolarmente apprezzati per gli intarsi verdi nei pavimenti dei palazzi nobiliari e delle regge dei Savoia, e per questo motivo furono distrutti totalmente o in parte (Masso di Montecapretto, *Roc* di Borgata Braida). Viceversa i massi di serpentino, utili solamente per la produzione di pietrisco, sono sopravvissuti in maggiore numero.

Uno degli ultimi cavatori artigianali entrò nella leggenda come "Il Cricca". La sua tecnica era impeccabile: «cercava una venatura nella roccia ove praticava faticosamente una serie di profonde fenditure; quindi vi infiggeva paletti di melo cotogno, li bagnava fino ad inzupparli per farli gonfiare tutti insieme, finché, se anche la fortuna lo assisteva, il masso si spaccava di colpo con grande fragore. [...] Faceva ogni sorta di oggetti di pietra, che si possono ancora vedere nelle vecchie case».

Dal 1872 il dinamitificio di Avigliana rese disponibile un nuovo potente esplosivo e anacronistica la tecnica dei *picapera*. Era ormai sufficiente inserire l'esplosivo in un foro e chiuderlo con un ferro da mina per ottenere la frammentazione della roccia. Molti massi furono così distrutti, anche solo per cavarne pietrisco. Fortunatamente, la costruzione della ferrovia e il miglioramento della rete viaria resero più economiche le cave alpine: il *picapera* spariva così definitivamente dalla collina morenica. Il solo impiego recente dei massi è decorativo: ad esempio, i massi estratti nell'ampliamento della strada provinciale di Villarbasse abbelliscono lo svincolo stadale all'ingresso del paese.

*Il* Roc du Picapera, *sul Monte Cuneo* (Moncuni)*, conserva i fori rettangolari per i cunei di legno. Una grande lastra inutilizzata è rimasta accostata al* Roc. *Il masso è formato da gneiss granitoide, molto apprezzato per realizzare a spacco paracarri, colonne e cordoli stradali.*

*Nella pagina a fianco, uno dei fori da mina presenti sulla* Pera Grossa *di Rosta, cavata per realizzare il monumento ai caduti del Fréjus in Piazza Statuto a Torino. Sono evidenti le fratture irradiate nella roccia a seguito dell'esplosione.*

# I CONFINI

*di Giorgio Fea e Silvia Sandrone*

## LE ANTICHE FRONTIERE

Fin dalle origini della frequentazione umana delle Alpi occidentali la Valle di Susa ha rappresentato una via di penetrazione verso le regioni più interne della catena montuosa e, da lì, verso l'Europa centrale.

Una frontiera *ante litteram* è stata individuata, per il periodo protostorico, in corrispondenza dello scalino glaciale di Susa che segna una cesura nello sviluppo dell'asse vallivo. Già prima dell'occupazione romana del territorio, il limite tra mondo alpino e pianura era sceso a ridosso di quest'ultima, come dimostra l'esistenza della stazione doganale collocata *finibus Cotti* (ai confini [del regno] di Cozio).

Dal III secolo la difesa dell'impero prevedeva lo sbarramento delle principali valli con difense (*clausurae*) il cui massimo sviluppo fu raggiunto fra IV e V secolo; dopo la caduta dell'impero romano, il loro significato difensivo sopravvisse fino alla dominazione longobarda, per poi cessare repentinamente.

Infatti, con il periodo carolingio il ruolo delle Alpi come confine militare non era più giustificato dal nuovo assetto politico territoriale e a questo profondo cambiamento si collegava la trasformazione delle chiuse da sbarramento militare a luogo di esazione dei pedaggi. La chiusa valsusina mantenne comunque a lungo un ruolo di confine e di preciso riferimento geografico. La sua scomparsa avvenne solamente nel corso del XII secolo, quando fu sostituita, come riferimento geografico qualificante della strada della Valle di Susa, dal paese di S. Ambrogio.

In seguito si assiste a frequenti avanzamenti ed indietreggiamenti della linea di demarcazione tra le diverse entità statali gravitanti sulla bassa valle, ma con una tendenza al suo spostamento verso monte legata alla progressiva affermazione territoriale della dinastia sabauda.

## LA STORIA MODERNA DELLA FRONTIERA

La pace firmata ad Utrecht nel 1713 al termine della guerra di successione spagnola stabilì, per la prima volta, una delimitazione frontaliera ufficiale tra il Ducato di Savoia ed il regno di Francia, con la fissazione della linea di confine lungo la displuviale alpina.

Gran parte dell'alta Valle di Susa passava ai Savoia, ma solo nel 1760 la firma di un nuovo accordo permise finalmente l'avvio delle operazioni di demarcazione sul terreno, realizzate mediante l'apposizione di termini e cippi datati e numerati, in seguito sottoposti a verifica (1823, 1999).

## GLI ALTRI CONFINI

Mentre nell'area della Collina morenica i confini politici hanno lasciato tracce solamente nei documenti d'archivio, quelli amministrativi sono ancora presenti. Un piccolo masso sul *Truc* Monsagnasco reca infatti una croce (che dà il nome al masso *Pera Crosà*) incisa il 23 aprile 1330 per segnare il confine comunale tra Rivoli e Rivalta, mentre nel territorio di Reano almeno due massi recano la data 1740, associata ancora ad una croce, sul confine comunale con Rivoli.

*Nella pagina a sinistra la croce confinaria di* Pera Crosà *sul* Truc *Monsagnasco.*

# LA PRESSIONE ANTROPICA SULL'AMBIENTE NATURALE

## *di Roberto Sabbi*

L'immagine rappresenta un rettangolo di 14,2 x 12,5 km (177,5 km$^2$), in cui è stata misurata la pressione antropica prodotta sull'area collinare dai centri urbani e dalle principali arterie di traffico.

I fattori di pressione presi in esame possono essere suddivisi in areali e lineari. Ai lineari (autostrade, strade statali, ecc.) è stata assegnata una larghezza convenzionale, in base alla categoria, in modo da renderli misurabili in m$^2$ di suolo investito e quindi equiparabili ai dati areali. Ogni fattore di pressione è stato poi ponderato per mezzo di un coefficiente variabile da 0 a 1, che tiene conto del livello di interferenza atteso, derivante dalla differente pressione esercitata sull'ambiente naturale, a parità di superficie occupata. Un sito industriale, ad esempio, avrà un impatto molto superiore rispetto ad un'area residenziale; lo stesso dicasi per un'autostrada rispetto ad una strada secondaria.

*Nelle due tabelle seguenti sono riportati i coefficienti di ponderazione e la larghezza media degli elementi lineari, corrispondente alla larghezza convenzionale.*[1]

| Tipologia elementi areali | Coeff. di ponderazione |
|---|---|
| Residenziale | 0,70 |
| Industriale | 0,90 |
| Misto residenziale - industriale | 0,80 |
| Servizi | 0,70 |
| Aziende a rischio | 1,00 |
| Aree di cava | 0,90 |

| Tipologia elementi lineari | Coeff. di ponderazione | Larghezza media (metri) |
|---|---|---|
| Autostrade | 1,00 | 25 |
| Strade Statali | 0,80 | 15 |
| Strade Provinciali o principali | 0,70 | 8 |
| Strade Comunali o secondarie | 0,30 | 6 |
| Ferrovia | 0,50 | 12 |

*Nella carta in basso, gli indici di pressione antropica sono suddivisi in cinque classi. Per ogni unità di valutazione (un ettaro) è stata calcolata la pressione complessiva.*[2]

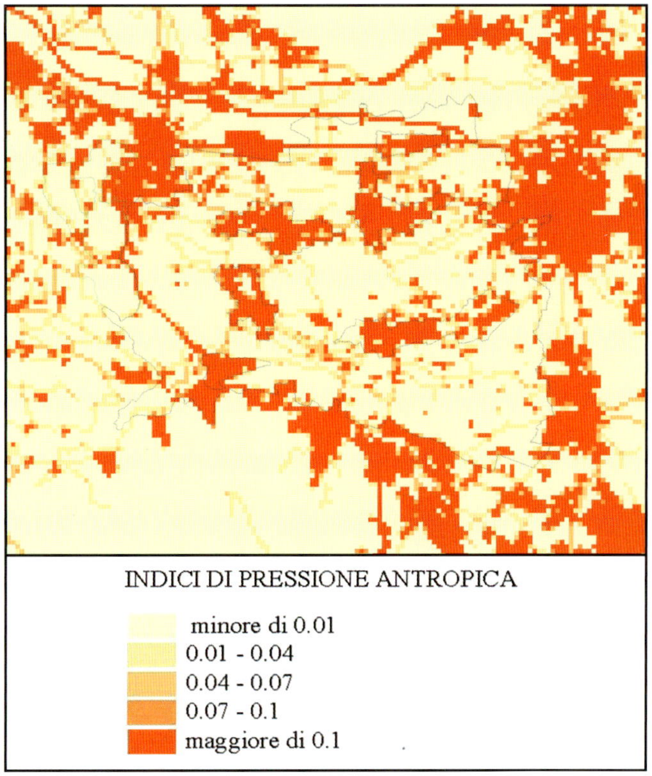


[2] *I dati utilizzati per definire i fattori di pressione di questo studio sono stati in parte prodotti dall'autore nella tesi di laurea in Architettura presso il Politecnico di Torino intitolata "Parco della collina morenica di Rivoli", e in parte ricavati dai dati cartografici della Provincia di Torino.*

[1] *Per ogni unità di valutazione (un ettaro) è stata calcolata la pressione complessiva quale sommatoria dei fattori presenti moltiplicati per i coefficienti. Questo valore, rapportato alla superficie dell'unità di valutazione, esprime l'indice di pressione caratteristico, operazione riassumibile con la seguente formula:*

$$I_i = \Sigma^i_j (F^i_j \times K_j)/S_i$$

*Dove:* $I_i$ *è l'indice di pressione dell'unità i,* $F^i_j$ *è il fattore di pressione j presente nell'unità i,* $K_j$ *è il coefficiente di ponderazione del fattore j,* $S_i$ *è la superficie dell'unità i.*

Nella carta sono chiaramente individuabili le aree urbanizzate (a indice di pressione maggiore di 0,1) ed i due "tagli" prodotti dai principali attraversamenti viari della zona. La separazione prodotta dalle arterie stradali è una delle principali problematiche del territorio collinare dato che interrompe la continuità tra le diverse aree "naturali".

La S.S. 25 del Monginevro rappresenta il più grosso ostacolo per il collegamento dell'area con la Dora (a nord) e isola completamente la fascia compresa tra il fiume e la strada stessa. Su di questa, percorsa da un intenso traffico veloce, prospetta la zona industriale di Rosta. In questo tratto la statale è in parte suddivisa in due carreggiate da uno spartitraffico in cemento che contribuisce ad aumentare l'effetto barriera.

*La S.S. 25 del Monginevro nei pressi dell'area industriale di Rosta.*

*Nella pagina seguente,* Arion lusitanicus, *una lumaca carnivora che va a caccia abitualmente sui masasi erratici.*

Il secondo importante attraversamento viario, la Provinciale dei Laghi (a sud-ovest), pur presentando egualmente un forte indice di pressione antropica, ha comunque minor impatto sul territorio per la minore quantità di traffico e la minor larghezza dell'unica carreggiata. Ancora minore è la pressione esercitata dai collegamenti interni fra i centri abitati dell'area, formati da strade secondarie non troppo frequentate.

*Capitolo 3* ________

# UN MONDO VICINO E SCONOSCIUTO

# GLI ALTRI ABITANTI DELLA COLLINA

*di Giorgio Fea*

La fauna della Collina morenica di Rivoli-Avigliana è particolarmente ricca e variegata, ma difficilmente percepibile ad un primo sguardo. Per quel che riguarda i vertebrati, infatti, la pressione antropica su questi ambienti ha reso gli animali più schivi e diffidenti di quanto non lo siano già per natura. Inoltre, molti hanno un'attività crepuscolare o notturna e di giorno tendono a rimanere nascosti. I diversi paesaggi ed ambienti della Collina, strettamente correlati dal punto di vista biologico, possono essere considerati piccoli ecosistemi caratterizzati ognuno da una fauna specifica.

I boschi sono la casa di molti uccelli, prevalentemente passeracei. Diffusissime sono le piccole cince: la cinciallegra, la cincia mora e la cinciarella, specie sedentarie che d'inverno allietano con il loro canto lo spoglio ambiente dei cedui. Egualmente insettivori e sedentari, il picchio rosso maggiore, il picchio verde, il picchio rosso minore ed il picchio muratore fanno i nidi nelle cavità degli alberi. La gazza, avendo acquisito notevole famigliarità con la presenza umana, tende ormai a fare i nidi vicino ai luoghi abitati, mentre il cuculo colloca le sue uova nei nidi dei passeracei in modo da far loro allevare i propri piccoli. La ghiandaia, il codibugnolo e l'usignolo sono meno comuni e quindi più difficili da scorgere fra i rami: spesso solo il loro canto ne svela la presenza.

I roditori più frequenti sono quelli che vivono al suolo ed appartengono alla famiglia degli Arvicolidi (arvicola rossastra e arvicola di Savi), dei Muridi (topo selvatico collo giallo) e dei Soricidi (toporagno comune e crocidura ventrebianco) e costituiscono le prede preferite di donnole e faine, occasionalmente del tasso. Nelle siepi e negli arbusti nidificano soprattutto l'averla piccola, la capinera, lo scricciolo e il merlo, tra i mammiferi il moscardino, piccolo roditore dal dorso aranciato, e il riccio, unico insettivoro ad andare in letargo. Il codirosso e lo storno condividono con molti degli animali già citati prati, incolti, radure e brughiere, luoghi preferiti anche da corvidi (cornacchia grigia, cornacchia nera, corvo) e lepri. Anche il pettirosso, il verdone ed il cardellino frequentano le radure ed i boschi aperti ove possono cadere preda dei pochi rapaci diurni della collina (poiana e gheppio) che si trovano con quelli notturni (allocco, civetta, gufo comune e barbagianni) ai vertici della catena alimentare. Questi ultimi si nutrono prevalentemente di piccoli roditori, come pure l'unico canide selvatico del territorio, la volpe, che tuttavia non disdegna occasionalmente rifiuti o carogne.

Anche i pochi ambienti umidi della Collina danno vita ad interessanti ecosistemi, rappresentati significativamente dal Laghetto Pessina nel territorio di Rosta. In questo, come in tutte le aree umide, gli ospiti più numerosi sono gli insetti, allo stato larvale o adulto, che forniscono nutrimento alle diverse specie di anfibi. Tra questi i tritoni sono i più difficili da incontrare poiché trascorrono gran parte della vita tra le radici degli alberi o sotto i sassi, mentre i numerosi anuri (raganella, rana agile, rana verde minore, rospo comune e rospo smeraldino) a volte sfuggono alla vista per le proprie abitudini notturne. Prede abituali degli uccelli rapaci, hanno anche sul terreno dei pericolosi nemici nella biscia dal collare e nel biacco, serpenti alquanto aggressivi che raggiungono i due metri e che, se disturbati, attaccano anche l'uomo.

Alcuni altri animali, assai comuni in altre zone del Piemonte, si possono incontrare solo occasionalmente in collina: i più interessanti sono certamente l'airone cenerino, che frequenta lo stagno di Rosta, ed il capriolo. Quest'ultimo in particolare è assai difficile da scorgere sia per le abitudini prevalentemente notturne sia per il numero estremamente ridotto di esemplari presenti. Anche il cinghiale un tempo era raro in zona, mentre è ora massicciamente presente a causa del lancio illegale a scopo venatorio e della elevata prolificità.

*Nella pagina precedente: in alto, piccolo di cinghiale; in basso, volpe.*

# UN MASSO UN ECOSISTEMA

*di Michele Motta*

## LA FLORA CASMOFITA

Alla sommità dei massi, polvere e foglie cadute dagli alberi formano negli anni un suolo fertile. Vi germinano, come graziosi bonsai naturali, i semi degli alberi nascosti dai roditori. Più adatta ai massi è la flora casmofita, specializzata ad attecchire nelle fessure della roccia, cui appartengono piante erbacee (*Campanula*, felci), rampicanti (*Hedera*) e persino alberi (bagolaro, non per nulla detto "spaccasassi"). Molte casmofite allargano progressivamente le fessure, finendo così per frammentare il masso.

## LA FAUNA INTERSTIZIALE

Le fessure e la lettiera di foglie sui massi sono, per gli organismi che fuggono la luce del giorno, ambienti adatti a trovare cibo e rifugio. I massi ospitano così una completa piramide alimentare, dai minuscoli acari e collemboli al biacco, serpente tanto frequente nelle fessure dei massi che i romani pensavano fosse il *genius loci*, benefico protettore dei luoghi. Ancora più strettamente legati ai massi sono gli opilionidi, aracnidi simili a ragni che amano dondolarsi sulle lunghissime ed esili zampe attaccati alla roccia.

*Nella pagina precedente il Masso* Roca Parpaiola.

*In alto opilionide e millepiedi su un masso presso Chiomonte. In basso funghi* Deconica muscorum *sui muschi del masso di La Salle (Reano).*

*Esfoliazione molto avanzata in serpentinite (masso presso* Pera Pluc*).*

*Capitolo 4* ________

# UN PATRIMONIO GEOLOGICO

PIETRE TRA I FIORI
GIARDINO
BOTANICO
REA
Mappa delle collezioni
e delle strutture
LE PIANTE FONTE DI CIBO
Fiori
Organi di riserva
Frutti e semi
Foglie
REGIONE
PIEMONTE
MUSEO REGIONALE
DI SCIENZE NATURALI TORINO
REA
LE ETICHETTE
LE PIANTE SI DIFENDONO

## GIARDINO BOTANICO REA

*di Rosa Camoletto*

### LE PIETRE DEL GHIACCIAIO

Alcuni grandi massi erratici di serpentine e di prasiniti, trasportati migliaia di anni fa fino a Trana dai ghiacciai che hanno formato l'anfiteatro morenico di Rivoli e i laghi di Avigliana, affiorano nella zona dell'ingresso del Giardino Botanico Rea. Quando venne costruito il giardino, nel 1967, i botanici accettarono con rispetto la loro ingombrante presenza nel pendio boschivo dell'ingresso e li utilizzarono come roccere naturali nel prato dell'arboreto.

### LE PIETRE DELL'UOMO

**Gli ambienti rocciosi silicei.** I blocchi grandi e piccoli di serpentina verde che formano la maggior parte delle roccere del Giardino Rea provengono dalle cave a cielo aperto del Monte Pietraborga, a sud di Trana.

La "Pietra di Trana" è compatta, pesante, spigolosa. Come tutte le serpentine, rilascia lentamente nel terreno metalli pesanti, sgraditi alla maggior parte delle piante. Questi materiali oggi non sono più estratti per la presenza di crisotilo, minerale potenzialmente nocivo per l'uomo.

**Gli ambienti rocciosi calcarei.** I massi di calcare e di dolomia che formano la roccera carbonatica di Rea provengono dal cuneese e sono stati estratti dalle cave del Monte Piagnolo, presso Dronero. Queste rocce vennero introdotte nel Giardino Rea nel 1992, quando il Museo di Torino decise di potenziare le collezioni di piante spontanee del Piemonte ospitando anche piante che non sopportano terreni acidi.

**Le lastre di muretti e sentieri.** Lo gneiss tabulare grigio a tendenza occhiadina denominato "Pietra di Luserna", bello e resistente, è cavato in Bassa Val Pellice e utilizzato da centinaia di anni per lastricati e rivestimenti. Come altri gneiss tabulari, si divide con facilità in lastre sottili. I muretti di contenimento e le vasche del vivaio di Rea sono stati rivestiti con questa pietra. Nel 1992 i sentieri principali di Rea vennero ampliati e lastricati con serpentina e gneiss tabulari vari.

**L'orologio solare.** L'orologio solare venne allestito nel 1995 per offrire ai visitatori uno spunto di riflessione sui ritmi delle fioriture. Le ore sono state incise su lastre levigate di pietre ornamentali provenienti dalle collezioni del Museo Regionale di Scienze Naturali, estratte dalle principali cave del Piemonte. Questo orologio, ovviamente, indica l'ora solare locale, quella seguita dai fiori per sbocciare o richiudersi. L'ora indicata dagli orologi da polso non corrisponde, perché Trana è mezz'ora più a Ovest del meridiano italiano, che passa per l'Etna. Inoltre in estate gli orologi vengono regolati secondo l'ora legale.

**Le sculture**. Col tempo il Giardino Rea aprì le porte anche a un artista contemporaneo, che inserì nell'area acquatica e nell'arboreto due sue opere ricavate da lastre di pietra. Così in giardino sono oggi presenti nuovi tangibili segni del pensiero e della cultura umana, a proseguire quella storia di pietre iniziata migliaia di anni prima dal grande ghiacciaio.

*Nella pagina precedente veduta del Giardino Botanico Rea.*

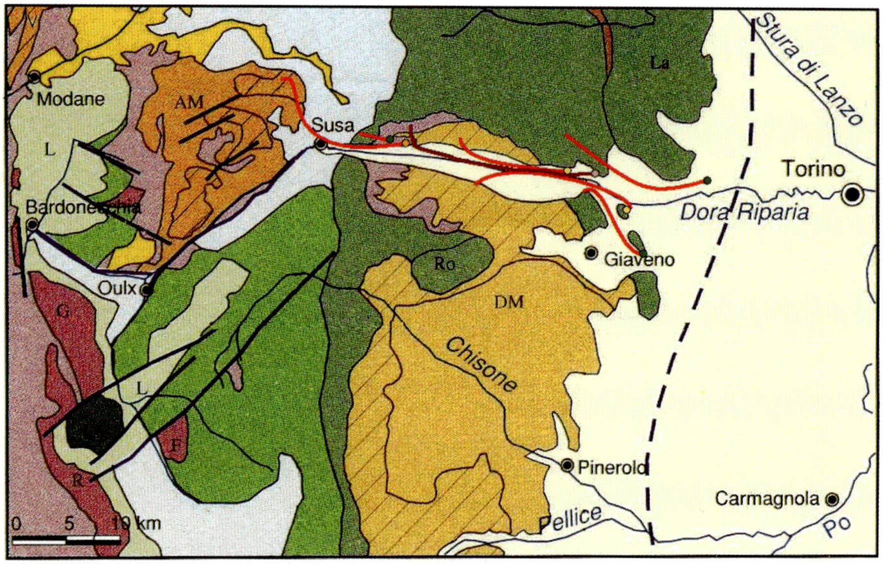


## INQUADRAMENTO TETTONICO - METAMORFICO

Faglie

Depositi plio-quaternari

Principali masse di gessi e carniole

**UNITA' AUSTROALPINE**

**Zona Sesia-Lanzo**

Unità di crosta continentale a metamorfismo alpino in facies eclogitica

**FALDE PENNIDICHE**

Unità mesozoiche di copertura ± scollate (Brianzonese *p.p.*)

***Unità di crosta continentale***

Unità a metamorfismo alpino in facies scisti blu (Unità del Gran San Bernardo *auct.*) (V: Vanoise; AM: Ambin)

Unità a metamorfismo alpino in facies eclogitica e scisti blu (DM: Dora Maira)

a: complessi con relitti di metamorfismo pre-alpino

**ZONA PIEMONTESE**

Unità a collocazione paleogeografica incerta (depositi di fossa convergente?)

Unità mesozoiche di margine continentale con successioni terrigene liassiche (Prepiemontese *Auct.*; G: Unità dello Chaberton-Grande Hoche; R: Unità di Rochebrune; F: Unità del Fourgon)

***Unità ofiolitiche e oceaniche***

Unità prive di metamorfismo alpino (Ch: Chenaillet)

1 2 Unità a metamorfismo alpino in facies scisti blu a lawsonite (1) ed epidoto (2). (L: Unità del Lago Nero)

Unità a metamorfismo alpino in facies eclogitica (La: Massiccio Ultrabasico di Lanzo; Ro: Unità del Rocciavré)

*Carta geologica semplificata. Le linee rosse mostrano i percorsi di alcuni massi erratici.*

# IN PRINCIPIO FU UN CROLLO

## *di Michele Motta*

Durante le glaciazioni, i ghiacciai erosero a poco a poco le valli alpine, trasportando verso la pianura tutto quanto cadeva sulla loro superficie. Anche i massi erratici provengono prevalentemente dai versanti montuosi soprastanti ai ghiacciai, e solo raramente dal loro letto.

Quando le pareti rocciose alpine sono poco fratturate possono restare stabili per secoli, finché un terremoto o la fusione del ghiaccio che ne cementa le fratture fa crollare interi pilastri di roccia, che si spezzano in enormi blocchi. Quando questi precipitano su un ghiacciaio danno origine ai massi erratici.

I calcari dolomitici dell'alta Valle di Susa, molto fratturati, formano a volte alte pareti, da cui crollano frequentemente sassi, ma solo raramente blocchi rocciosi di dimensioni ragguardevoli.

Lo spartiacque della Valle di Susa con la Val Chisone, il Rocciamelone e numerose altre montagne, sono formati da rocce scistose che tendono a collassare. I lenti scivolamenti d'intere porzioni di versante coinvolgono facilmente rocce più resistenti, che vengono frantumate in enormi massi "imballati" in materiale più fine.

Durante le glaciazioni, lungo il fondovalle principale, alte pareti rocciose facevano da sponda al ghiacciaio valsusino. Al termine delle glaciazioni, venendo a mancare il sostegno del ghiacciaio sulle pareti, a seguito del suo progressivo abbassamento, si verificarono, ancor prima della completa scomparsa della fiumana glaciale, grandi crolli di materiale roccioso che diedero origine ai massi erratici giunti poi fino alla collina morenica.

*La Rognosa di Etiache (Vallone di Rochemolles) mostra come una cicatrice la nicchia di un recente crollo. Nel corpo di frana si vedono grandi massi che, se fossero caduti quando il ghiacciaio era ancora presente, sarebbero diventati erratici.*

*Disegni di M. Motta.*

# FUMMO MONTI, E OR SIAM SASSI

*di Michele Motta*

## STORIA DI UN VIAGGIO DEI SASSI NEL FIUME

Un sasso trascinato da un fiume ricade costantemente sul fondo e, urtando gli altri sassi, si sbriciola prima in ghiaia, poi in granelli di sabbia, sino a formare frammenti microscopici. Se anche non si spezza con gli urti, smussando gli spigoli, diventa arrotondato e sferico, rimpicciolendosi sempre più. Perciò, se anche i fiumi riescono a trasportare durante le piene i blocchi di maggiori dimensioni caduti nel loro alveo, non possono far loro percorrere grandi distanze mantenendoli integri.

## COME GLI AMICI MASSI ARRIVARONO SANI E SALVI

I massi caduti su un ghiacciaio, invece, urtano e sfregano poco contro gli altri detriti, perché il ghiaccio fa da imballaggio. Tuttavia, anch'essi possono distruggersi.

Il ghiacciaio del ramo principale della Valle di Susa, ad esempio, si congiungeva all'altezza di Susa con il ramo proveniente dal Colle del Moncenisio, scendendo lungo un gradino scosceso alto più di cento metri. Il ghiacciaio, precipitando, si frantumava in blocchi che crollavano l'uno sull'altro e neppure i grandi massi superavano questa prova senza sbriciolarsi. Infatti, i maggiori erratici presenti nell'area della Collina morenica non sono formati da rocce dell'alta valle, neppure da quelle più compatte e resistenti. Naturalmente, i massi di rocce facilmente disgregabili avevano ancora meno possibilità di giungere all'anfiteatro morenico.

Sul ghiacciaio erano scaldati dal sole di giorno e raffreddati dal ghiaccio di notte e così l'acqua, contenuta al loro interno, congelando e fondendo ripetutamente, li sbriciolava in porzioni sempre più piccole.

I massi caduti troppo vicini al bordo del ghiacciaio, poi, erano abbandonati sulle morene laterali quando il ghiacciaio, giunto in bassa valle, iniziava a ridursi di larghezza. Se ne osservano oggi sopra Bussoleno,

San Valeriano e Condove, quindi a parecchi chilometri di distanza dall'anfiteatro morenico. In definitiva, solo i massi di rocce resistenti, poco fratturate e provenienti dalla bassa valle, raggiungevano di norma l'anfiteatro morenico.

Tuttavia alcuni di questi, proprio alla fine del loro viaggio, precipitando sulla morena dalla fronte del ghiacciaio, si spezzavano all'ultimo nei gruppi di blocchi oggi visibili (massi della Veneria, di Pra Basse, di Avenat).

# SOLO I PIÙ DURI ARRIVANO IN FONDO

*di Michele Motta*

Solo poche delle tantissime rocce valsusine formano massi erratici. E, fra quelle esclusive dell'alta valle, solo la durissima quarzite aveva formato un masso presso Pianezza, oggi distrutto. Il viaggio verso la pianura ha sbriciolato quasi tutti i massi, infatti gli erratici dell'anfiteatro provengono prevalentemente dagli affioramenti di rocce metamorfiche prossimi al fondovalle della bassa valle.

*Disegni di M. Motta.*

## SERPENTINITE E SERPENTINOSCISTO

Costituite essenzialmente da serpentino, tenero e lamellare ma resistente agli urti e all'alterazione. Originariamente di colore verde, ossidandosi diventano rossastre.

## PRASINITE E ANFIBOLITE

Costituite da feldspato, anfibolo e clorite, più duri ma più alterabili del serpentino. Ossidandosi, il colore verde scuro o nero bluastro diventa bruno.

## GNEISS GRANITOIDE

Grigio, compatto e poco alterabile, è costituito da grandi prismi di feldspato, piccoli cristalli informi di quarzo e lamelle di mica.

## GNEISS MINUTO E MICASCISTO GNEISSICO

Di composizione analoga allo gneiss granitoide, ma con più mica, sono più facilmente alterabili e divisibili in lastre. Formano massi piccoli, in cui livelli contorti bianchi di quarzo e di feldspati si alternano a livelli grigi ricchi di mica. Nella foto, il cristallo di quarzo, deformato e contorto, che assomiglia ad un drago e dà il nome all'omonimo masso presso Reano.

## FLASERGABBRO

Roccia intrusiva leggermente metamorfosata, di composizione simile alla prasinite. Ha disegni venati dati da feldspati biancastri, anfiboli e clorite verdi.

## LHERZOLITE

Costituita da granuli verde oliva di olivina, da prismi verdi o neri di pirosseno e da cristallini giallastri di feldspato. Ossidata è color ruggine. Roccia metamorfica del mantello terrestre, è rara sulla superficie; anche in Valle di Susa non è comune ma, affiorando presso le colline moreniche, è frequente nei massi.

# NOI NON SIAMO ERRATICI
# ... MA TOR E MASSI DI FRANA

*di Michele Motta*

Molti massi, pur somigliando talvolta agli erratici, non sono stati trasportati dai ghiacciai. I tor e i massi di frana, facilmente visibili sulle Alpi occidentali, ne costituiscono l'esempio principale.

I *tor* derivano da affioramenti di rocce dure che si disgregano progressivamente in blocchi arrotondati completamente separati l'uno dall'altro. In Piemonte sono comuni sulle creste dei bassi rilievi alpini prossimi alla pianura, dove le rocce sono sottoposte a processi d'alterazione da centinaia di migliaia di anni, senza che siano mai state "ripulite" dal passaggio dei ghiacciai. A differenza degli erratici, i tor sono gruppi di massi tutti della stessa roccia, non hanno mai strie glaciali e, talvolta, sono ancora in parte attaccati al substrato roccioso.

I *massi di frana* condividono con quelli erratici l'origine da crolli, ma il loro spostamento è dovuto solamente alla legge di gravità: una volta terminata l'inerzia iniziale si arrestano definitivamente. Salvo poche eccezioni, non si trovano sulle morene ma ai piedi di ripidi versanti montuosi, dove sovente esiste ancora ed è riconoscibile la parete da cui sono crollati.

I gruppi di massi di frana sono in genere tutti della stessa roccia, ma risultano facilmente confondibili con i massi erratici quando rimbalzano lontano dalla base del versante, restando isolati nel fondovalle pianeggiante, come si vede frequentemente in bassa Valle di Susa.

*Massi di S.Pancrazio a Pianezza*

*Questo masso presso Caprie avrebbe tutte le caratteristiche di un erratico (grandi dimensioni, roccia compatta, vicinanza allo sbocco della valle) ma è arrivato... tardi, crollando sul fondovalle quando il ghiacciaio era ormai scomparso.*

*Nella pagina a fianco il masso del Forte si è spezzato in blocchi, e le profonde fenditure preannunciano il suo completo sbriciolamento in un futuro, geologicamente parlando, non lontano.*

# VITA E MORTE DI UN MASSO

*di Michele Motta*

I depositi fluviali hanno ciottoli tutti all'incirca della stessa taglia: quella che la corrente, rallentando, non riesce più a trascinare con sé. I più grandi sono abbandonati prima o non sono erosi, quelli più minuti sono trasportati più a valle. Un ghiacciaio non opera questa selezione: trasporta indistintamente un granello di sabbia o un grande masso, fino a quando non li lascia sulle morene. Infatti nei suoi depositi si trovano accostati massi e pietre di dimensioni molto differenti.

Il masso può viaggiare sulla superficie del ghiacciaio o sepolto in esso. Nel primo caso conserverà la sua forma, ad esempio sarà un lastrone angoloso; nel secondo, specie se compie un lungo tragitto, smusserà gli angoli, la sua superficie sarà lucidata e presenterà solchi paralleli profondi generalmente non più di un millimetro. Questi solchi, detti "strie glaciali", sono lasciati dai cristalli di minerali duri che hanno graffiato il masso durante il trasporto.

Le rocce costituite da granuli non omogenei per dimensione, comportamento meccanico o colore si disgregano per la contrazione e la dilatazione della superficie (per alternanza di caldo-freddo, gelo-disgelo, umido-secco...) o per le azioni biologiche (radici di piante, muschi e licheni, corrosione chimica operata da alghe e batteri che vivono fra un granulo e l'altro). I granuli, trascinati dalla pioggia ai piedi del masso, s'incorporano al suolo e non lasciano tracce. Così gli erratici sono i soli testimoni della disgregazione, perché le loro superfici lucidate diventano granulose ed opache. Se la roccia presenta noduli o livelli di cristalli facilmente separabili, immersi in altri fortemente legati fra loro, l'ineguale disgregazione crea profonde cavità.

*La forte rugosità dei massi di gneiss è data dalla disgregazione granulare, che lascia in rilievo grossi cristalli di feldspato.*

*Nella pagina accanto un deposito lasciato nel 2002-2003 dal ghiacciaio Fourneaux in alta Valle di Susa. In poche centinaia di metri di trasporto i ciottoli hanno assunto la forma classica "a ferro da stiro", con superfici levigate e irregolarmente solcate dallo sfregamento con gli altri ciottoli.*

# CAVITÀ ED ESFOLIAZIONE

*di Michele Motta*

Gli alveoli sono cavità emisferiche di diametro inferiore ai 10 cm che si formano dove l'alterazione chimica della roccia produce carbonati di potassio e di sodio che, gonfiandosi per l'umidità, staccano scaglie di roccia (aloclastismo). Con il progredire del fenomeno si passa da alveoli isolati ad un alveare e, infine, ad alveoli intercomunicanti a clessidra. Tutto ciò avviene in un lasso di tempo estremamente variabile (da qualche decennio ad alcuni millenni) in base alle condizioni climatiche ed al tipo di roccia.

Nelle cavità più grandi (tafoni), l'aloclastismo agisce contemporaneamente alla migrazione di sali non igroscopici verso la superficie del masso, che la rendono dura e resistente. Questo fenomeno caratterizza in Valle di Susa i versanti esposti a meridione ed i lati soleggiati dei massi.

*Tafoni di* Pera d'la Spina *e* Pera d'le Sacoce. *La tradizione vuole che anticamente vi si ponessero offerte alle divinità.*

*Nella pagina a sinistra, angoli arrotondati e scagliette in via di distacco (gneiss).*

L'esfoliazione degli intonaci, in natura, colpisce le rocce formate da cristalli lamellari. Si tratta di una serie di processi il principale dei quali è la cristallizzazione dei sali nello strato più superficiale della roccia, umido o secco a seconda dell'umidità dell'aria. Colpisce inizialmente gli spigoli vivi, poi le superfici piane, dando loro un aspetto squamato. Quando la roccia presenta delle fessure, il distacco di scagliette dai bordi le conferisce un aspetto rugoso come quello di una corteccia d'albero.

*Superficie in gneiss minuto completamente degradata con larghe e irregolari cavità superficiali*

## "LE TESTATE DEL DIAVOLO".

*Le strane forme dell'aloclastismo hanno alimentato diverse leggende, come quella della* Pera Cagna. *Pare che al diavolo fosse stato assegnato il compito di distruggere una città e i suoi perversi abitanti, e si accingesse all'opera volando con sulle spalle l'enorme* Pera Cagna. *Nel suo itinerario passò sopra la Val Grande, ma per le preghiere di un santo eremita gli mancarono le forze e il masso gli sfuggì precipitando nel posto dov'è tuttora. Tentò con tutte le forze disponibili di risollevarlo, trasformandosi via via in leone, aquila e avvoltoio. Infine, in collera, la prese più volte a testate, lasciando per sempre impressi i segni dei suoi sforzi e della sua rabbia.*

# I LABIRINTI DELL'ACQUA

## *di Michele Motta*

I silicati resistono per breve tempo a molti agenti chimici, ma nei secoli si alterano per il semplice contatto con l'acqua: si tratta del fenomeno detto "idrolisi".

Nell'anfiteatro morenico, complici le condizioni climatiche ivi esistenti, i minerali più alterabili sono pirosseno, olivina e anfiboli, cui seguono serpentino, miche e cloriti; il feldspato potassico è invece quasi immune a questo processo. L'idrolisi è intensa alla sommità dei massi, dove si accumulano acqua e foglie marce. Le concavità si approfondiscono in vaschette e, dove l'acqua di pioggia resa acida dalla decomposizione delle foglie marce deborda dalle vaschette, vi si formano solchi.

L'idrolisi forma solchi e vaschette dove la roccia ha microfratture o minerali più alterabili. L'insieme forma quella che è chiamata *meringue surface*, un insieme di solchi e vaschette che, in prasiniti e anfiboliti crea disegni di grande bellezza, talvolta talmente geometrici da rendere difficile credere che dietro questi piccoli capolavori ci sia solo l'opera capricciosa della natura, e non la mano dell'uomo.

Così, spesso furono interpretati come graffiti preistorici. Sebbene già i primi geologi ne avessero compresa l'origine naturale, solo la microscopia elettronica ha potuto dimostrare che queste forme derivano dall'alterazione chimica, e non da strumenti di scavo.

Le fessure di serpentiniti, lherzoliti e metagabbri, allargate dall'idrolisi, formano disegni a mosaico anche sulle superfici verticali delle rocce presenti nei versanti vallivi più soleggiati e caratterizzati da un periodo di aridità estiva.

Alcune superfici inclinate delle rocce più alterabili (gneiss minuti e micascisti) hanno solchi disposti secondo la linea di massima pendenza. Sono i *flutes*, dovuti al periodico flusso di acqua piovana in quantità sufficiente a rimuovere i prodotti di alterazione, ma non ad erodere la roccia. I *flutes* sono tipici del clima temperato, ma rari sui massi erratici, e sono spesso all'origine di leggende sui graffi del diavolo o di *masche*.

*Vaschette di alterazione sui massi della Casaccia (sopra) e del Francese (sotto). In genere, sul fondo si accumula terriccio; in caso contrario, il colore tende al rosa, per lo sviluppo di microscopiche alghe.*

Poligonal cracking: *nelle zone più soleggiate ed aride della Collina si possono formare sulla superficie delle rocce disegni "a mosaico" con fessure allargate dall'idrolisi (immagine pagina a sinistra).*

# MORTE DI UN MASSO

*di Michele Motta*

Nelle pareti verticali o strapiombanti di massi e salti rocciosi, in prossimità della superficie esterna esistono forti squilibri tensionali. Essi, amplificati dagli sbalzi di pressione dell'acqua contenuta nella roccia, aprono le microfratture preesistenti nella pietra, formate durante la nascita delle Alpi o il trasporto glaciale del masso. Questo fenomeno, la macrodesquamazione, isola instabili lastre di roccia. Esse finiscono per crollare, spinte dall'acqua che gela d'inverno o dalla crescita delle radici delle piante. Dove la macrodesquamazione è intensa la roccia è pulita e inalterata, perché se ne staccano sempre nuove "fette", prima che su di essa si insedino muschi e licheni.

La morte del masso può avvenire in tempi lunghissimi, per la progressiva degradazione della superficie; oppure in tempi rapidi, quando i processi di degradazione, agendo sulle fratture, frammentano il masso. Nella fotografia a pag. 68, la combinazione di macrodesquamazione e tendenza a sfaldarsi lungo le lamelle di serpentino (scistosità), ha spezzato questo masso di serpentinoscisto dell'ultima glaciazione in blocchi semplicemente accostati (area di Pietra Scisa, comune di Trana).

*Nella pagina accanto un masso di serpentinoscisto spezzato in blocchi.*

*La macrodesquamazione stacca sottili lastre lungo superfici di distacco lunate, come quella visibile in alto .*

*Nei massi di serpentinite come il Masso 24 del* Moncuni *(in basso) la macrodesquamazione conferisce un aspetto embricato alle parti strapiombanti.*

126.
distanza di 4417 met.
8. Gennaio 1870.

# LE RACCOLTE MINERALOGICHE E LITOLOGICHE DEL MUSEO REGIONALE DI SCIENZE NATURALI DI TORINO

*di Lorenzo Mariano Gallo*

La Valle di Susa, fondamentale via di collegamento con la Gallia, fu già in epoca romana ampiamente esplorata e colonizzata, e l'antropizzazione ha continuato a svilupparsi per oltre venti secoli, fino ai giorni nostri.

Quando, attorno al 1750, Carlo Emanuele III di Savoia acquisì a vario titolo, da alcuni privati, raccolte di minerali, rocce, fossili, reperti botanici e zoologici con l'intento di destinarli al Museo di Scienze Naturali dell'Università (istituito nel 1730), parte di questi materiali erano costituiti dalle collezioni di Vitaliano Donati (1717-1762), professore di botanica dell'Università. Questi nel 1751 aveva intrapreso una spedizione esplorativa dei ducati di Savoia e Aosta con lo scopo di valutare le potenzialità minerarie del territorio e di tracciare una prima mappatura dei giacimenti. Il viaggio fu dedicato, in buona parte, all'esame geologico e alla raccolta di campioni in Valle di Susa. A seguito di questa e di altre missioni esplorative, particolarmente apprezzate dalla corte sabauda, a Donati nel 1752 venne dato l'incarico di dirigere il Museo di Storia Naturale.

Da questo momento in poi la Valle fu, in tutti i suoi aspetti, uno dei più significativi soggetti di studio per l'Università taurinense, e in parallelo ricche collezioni naturalistiche, ma anche archeologiche, etnografiche e storico-artistiche si accumularono nei vari Musei di Torino.

Per quanto riguarda le raccolte dedicate alle Scienze della Terra, varie collezioni storiche di materiali valsusini sono confluite in comodato d'uso dall'Università al Museo Regionale di Scienze Naturali di Torino (MRSN), istituito dalla Regione Piemonte nel 1980 con lo scopo di recuperare, riordinare ed incrementare le raccolte naturalistiche universitarie. Nella collezione mineralogica, in particolare, sono presenti vari campioni di pregio scientifico ed ostensivo, spesso già citati nel *Catalogue raisonné de la collection minéralogique du Musée d'Historie Naturelle*, pubblicato da Stefano Borson nel 1830. Tra questi vanno ricordati, ad esempio, i vari esemplari provenienti della zona di Oulx, resi celebri dagli studi di Luigi Colomba (1866-1944), i granati e le vesuviane delle rodingiti affioranti nei dintorni di Sant'Ambrogio e quelli la perovskite di Rocca Sella, uno dei pochi siti al mondo dove questa specie mineralogica si rinviene in cristalli di elevata qualità. Nelle più recenti acquisizioni realizzate dal MRSN devono essere citati i numerosi campioni di grossularia, di epidoto e di vesuviana provenienti dall'Alpe delle Frasse (Condove), più volte utilizzati in mostre temporanee allestite in Museo per la straordinaria bellezza delle cristallizzazioni. Altrettanto ricchi di significato per la loro qualità estetica sono gli esemplari di quarzo affumicato e di adularia provenienti dal Monte Muretto (Villar Focchiardo), nonché le topazzoliti e le titaniti raccolte sulla Cassafrera (Monte Rocciavrè, San Giorio). Ma anche dal punto di vista scientifico vanno ricordati i ritrovamenti effettuati nella zona di Signols e Savoulx (Oulx), dove recentemente sono state scoperte varie rarissime specie mineralogiche, tuttora in corso di studio, alcune del tutto nuove per la scienza.

Tra le collezioni litologiche allestite con materiali della Valle di Susa si può ricordare soprattutto la *Raccolta del traforo ferroviario del Frejus*, realizzata durante lo scavo del tunnel, tra il 1857 e il 1870,

*Nella pagina a fianco un calcescisto con vene di calcite facente parte della campionatura progressiva del traforo ferroviario del Fréjus. Il cartellino di accompagnamento originale, autografo di Angelo Sismonda, riporta: "Calcare sabbioso (Grés calcaire?) alla distanza di 4417 met. dall'entrata della Galleria. -Modane- 8 gennaio 1870". GEO.521.126*

sotto la supervisione di Angelo Sismonda (1807-1878). Per la sua importanza scientifica la campionatura fu preparata in varie copie (quella presente al MRSN è la collezione di riferimento), poi inviate a varie rilevanti istituzioni museali europee e ad alcuni prestigiosi enti culturali locali come, ad esempio, la Sezione di Susa del Club Alpino Italiano. Altre collezione in cui sono inclusi campioni provenienti dalla Valle sono la *Raccolta geologica delle Alpi*, allestita da Sismonda intorno alla metà del XIX secolo, base di lavoro per la realizzazione della prima carta geologica di Savoia Piemonte e Liguria, pubblicata da Sismonda nel 1862, e la *Collezione di Angelo Pasa di rocce delle Alpi Occidentali*, realizzata tra il 1935 e il 1945 con finalità essenzialmente didattiche. Tra le raccolte litologiche di ampio respiro in cui compaiono esemplari valsusini meritano un cenno anche la *Collezione generale di rocce delle Alpi Occidentali*, una "miscellanea" di pezzi raccolti da ricercatori e studiosi che hanno operato tra la metà del XIX secolo e il 1985 presso il Museo di Geologia e Paleontologia dell'Università, e la *Collezione di fenomeni geologici*, una raccolta di campioni destinati a rappresentare l'estrema variabilità macroscopica di quei materiali che evidenziano in natura gli eventi e i processi geologici.

Tra le raccolte di più recente acquisizione vanno infine menzionate le raccolte effettuate nella zona compresa tra Oulx e Cesana, realizzate a cura del personale del MRSN durante una serie di studi sui materiali da costruzione coltivati in alta Valle di Susa.

*Perovskite in cristalli pseudocubici neri con magneti in cristalli neri striati su serpentina. Esemplare proveniente dalla Rocca Sella (Rubiana). M/9076*

*Nella pagina a fianco vesuvianite in cristalli policromi bruni e verdastri, prismatici allungati, striati, con grossularia in cristalli rossi su rodingite. Esemplare rinvenuto all'Alpe delle Frasse (Laietto, Condove). M/ 6681*

*Nella pagina seguente,* Losa *delle coppelle (Avigliana).*

*Capitolo 5*

# UN PATRIMONIO ARCHEOLOGICO

*Chianocco, Orrido. Il riparo sede di bivacco preistorico.*

# IL PIÙ ANTICO POPOLAMENTO UMANO DELLA VALLE DI SUSA

*di Aureliano Bertone*

La Valle di Susa presenta, a monte dell'abitato di Susa, uno scalino glaciale che costituisce una sorta di frontiera rispetto ai massicci alpini interni. Questo, imponendo agli uomini un adattamento ad ambienti diversi, ha da sempre favorito la formazione di differenziazioni culturali. Il definitivo affermarsi del processo di neolitizzazione dell'area (fine V - inizio IV millennio a.C.) avrebbe fatto seguito ad una situazione di spazi mobili, occupati da bande di predatori mesolitici, percorsi occasionalmente da gruppi provenienti dai centri agricoli di pianura. La definitiva occupazione della valle da parte di comunità neolitiche mature determina uno sviluppo sensibile dell'occupazione umana, con un processo di adattamento biologico e culturale agli ecosistemi alpini: si presenta così un flusso articolato di individui che porta all'installazione di una frontiera culturale stabile fra entità di origine padana (Cultura dei vasi a bocca quadrata), provenzale (Cultura di Chassey) ed elvetico-savoiarda (Cultura di Cortaillod).

L'adattamento delle comunità umane all'ambiente montano è attestato dal III millennio dalla transumanza estiva a breve raggio. Tuttavia, al di là dello sfruttamento delle praterie di alta quota, le popolazioni indigene non mostrano significativi interessi per altre risorse, come i metalli, e lasciano il solco valsusino aperto a bande di individui provenienti dalle pianure ed interessati alla metallurgia del rame. La penetrazione di questi gruppi porta a forme occasionali di contatto con le genti indigene, senza che si verifichi un condizionamento culturale, come accadrà anche successivamente con la penetrazione di gruppi etnici "protocelti" e "celti" (I millennio a.C.).

Alcuni indizi (come il *Donnus* ricordato da Strabone) suggeriscono comunque l'esistenza di alcune famiglie a cui le comunità locali riconobbero probabilmente un certo rango. L'occupazione romana si limita ad iniziative di tipo amministrativo, con un controllo del fondovalle (questo pare il senso della fondazione del nucleo urbano di Susa), mentre i versanti mostrano il protrarsi delle abitudini locali. Maggiore incertezza copre la fase altomedievale: il percorso stradale romano è ridimensionato, gli edifici di fondovalle sono trascurati e talora adibiti a cimitero, mentre più significativa è la presenza monastica, attestata da un complesso di fondazioni tra cui spiccano la Novalesa (secondo quarto dell'VIII sec. d.C.), S. Michele della Chiusa (dalla fine del X sec.) e la Certosa di Montebenedetto (XII sec.).

*Chiomonte, La Maddalena. Il terrazzo fluviale ed il sito preistorico si collocano al centro, subito a monte del viadotto curvilineo. In primo piano, il terrazzo glaciale a monte di Susa.*

*Caselette. Azienda agricola romana.*

# I SITI ARCHEOLOGICI

## *di Aureliano Bertone*

In Valle di Susa i siti pre-protostorici occupano in prevalenza il versante sinistro esposto a Sud, il che suggerisce un'attenzione per il clima non insolito in un ambiente montano. I siti emblematici della fase neolitica matura sono Chiomonte-La Maddalena (1) (piccolo abitato con caratteristiche di centro di scambi su lungo raggio), S. Valeriano di Borgone (2) e Rubiana - Gioran (3) (accampamenti di pastori provenienti da un insediamento permanente localizzato probabilmente sui rilievi morenici dello sbocco vallivo). Nel corso del III millennio a.C., si realizzano posti di tappa lungo tratturi (è il caso di una cavità nell'Orrido di Chianocco (4) ed accampamenti su praterie d'alta quota (come il Colombardo (5)); indizi della presenza di gruppi esterni di raccoglitori di minerale di rame sono riconosciuti a Bussoleno-Orrido di Foresto (6) ed a S. Valeriano.

A metà del II millennio si assiste ad un dinamico popolamento della valle, dalle aree di fronte morenico (dimore perilacustri di Caselette-Cave di Magnesite (7) e di Trana (8)) e di fondovalle (palafitte di Caprie-Novaretto (9)) a quelle di versante (bivacco di pastori nell'Orrido di Foresto; insediamento permanente a Villar Focchiardo-Cara du Ciat (10)).

Materiali raccolti in giacitura secondaria mostrano un insediamento con officina per produzione di asce in pietra a Vaie (11). Per quel che riguarda la prima metà del I millennio, poche tracce sono emerse a Villar Focchiardo ed a S. Valeriano, mentre forse connessa con manifestazioni cerimoniali è la punta di lancia in bronzo deposta presso il Rifugio Ca' d'Asti sul Monte Rocciamelone (ca. 2860 m s.l.m.) (12).

Indizio di una fase di graduale ripresa del popolamento è l'abitato indigeno sul rilievo di Susa-Cascina Parisio (13), occupato a partire dalla metà del I millennio. Parallelamente, si afferma l'insediamento sparso sui versanti attestato in prossimità dell'arco morenico di Rivoli, come il nucleo cerimoniale di Caselette-Rocchette (14). La fase imperiale vede l'attivazione di abitati romani di fondovalle, tra cui si segnalano il nucleo urbano di Susa (15), la residenza padronale di Almese-Milanere (16), l'azienda agricola di Caselette (17), l'abitato di Rosta-Verné (18) e la stazione doganale di ad *Fines Regni Cottii* (Avigliana-Malano: (19)); è anche significativo l'ampio tratto di percorso stradale esplorato a Rivoli-La Perosa (20). Infine è pure attestata la presenza di famiglie locali con insediamenti sui medi versanti a Oulx-Chalp (21), Chiomonte-Ramats (22), Condove-Magnoletto (23), Condove-Camporossetto (24) e Caprie-Rocca (25).

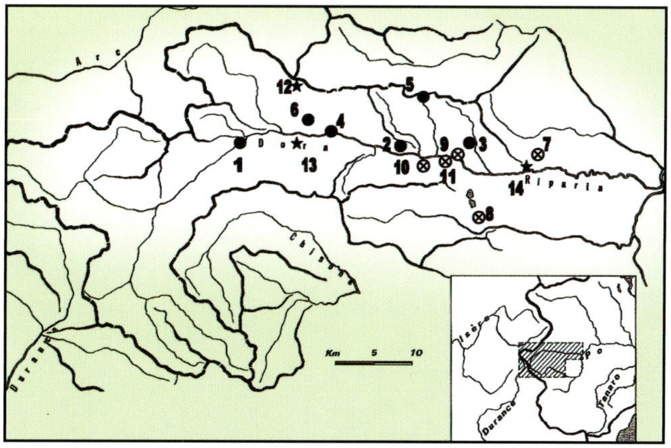


*Distribuzione dei principali insediamenti pre-protostorici. Siti frequentati a partire dalla seconda metà del V - fine del III millennio a.C. (cerchi), dal II millennio (cerchi quadripartiti) e dal I millennio (stelle).*

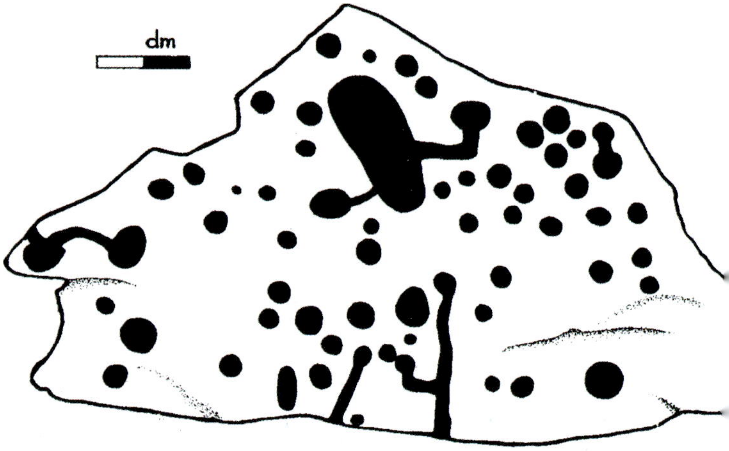


*In alto SUS1 Monsagnasco 1. Foto e rilievo (archivio Grcm).*

# LE ROCCE A COPPELLE DELLA COLLINA MORENICA

*di Andrea Arcà*

La collina morenica di Rivoli nasconde una ricchezza ambientale tanto più preziosa quanto più articolata nei suoi aspetti naturalistici, geologici e archeologici. Per quanto riguarda questi ultimi, se da una parte l'archeologia "di reperto" si può giovare delle notevoli scoperte ottocentesche, (tra i reperti più importanti, pagaie e manufatti in legno, una spada a codolo "tipo Trana" della fine della media età del Bronzo, un deposito di sette asce votive del Bronzo Antico, forme di fusione in talcoscisto cloritico del Bronzo Finale) esiste dall'altra un'archeologia parallela che vede proprio in alcuni massi erratici un supporto atto ad accogliere i segni lasciati dall'uomo. È quel settore dell'archeologia che studia i petroglifi, un'archeologia rupestre che analizza le tracce perenni lasciate sui massi incisi.

Quella dell'anfiteatro morenico è un'arte rupestre non figurativa, composta da segni il cui significato non è dato da ciò che raffigurano, ma dalla loro funzione strumentale di probabili raccoglitori. Piccole coppe, e dunque coppelle – scodelle nell'accezione ottocentesca – scavate nella roccia, sulle quali molto si è dibattuto, fino ad elencare ben 54 teorie interpretative o anche 104 possibili significati, spaziando dalla rappresentazione di costellazioni al catasto del bestiame, fino a una sorta di registro anagrafico; al riguardo gli orientamenti più aggiornati prediligono interpretazioni legate ad attività di deposito di offerte, probabilmente alimentari e liquide, considerando che la disposizione di coppelle e canaletti spesso evoca una sorta di "rete idrica"; attività volte vuoi a ingraziarsi possibili divinità delle cime, vuoi a marcare in segno di possesso tribale la sovranità di determinati territori. Tali interpretazioni sono favorite dalle posizione per lo più dominante delle superfici coppellate, spesso situate in luoghi intermedi rispetto ai centri abitati, favorendo così accezioni confinarie nei vari percorsi esegetici. Tali accezioni potrebbero trovare conferma proprio nella sintassi distributiva delle coppelle della collina morenica, che vede una scelta preferenziale di aree periferiche, se non di vero e proprio confine, come è evidente lungo la cresta del Monsagnasco.

Per quanto riguarda la cronologia, gli orientamenti più recenti tendono a escludere una generica e indistinta datazione ai periodi più antichi della preistoria. In base ai dati di contesto, di associazione e di sovrapposizione, lo scrivente ritiene che le rocce coppellate alpine siano comprese in un arco cronologico dal Bronzo Medio-Recente a età romana, con prosecuzione "deteriorata" fino a fasi medievali e moderne.

## STORIA DELLE RICERCHE: LA GEOLOGIA INCONTRA L'ARCHEOLOGIA

Nella collina morenica le rocce a coppelle punteggiano in maniera significativa il territorio, in alcuni casi secondo una certa concentrazione, come sul *Truc* Monsagnasco, sito che anche per questi aspetti, oltre che per quelli geo-naturalistici, andrebbe strenuamente difeso dall'espansione urbana. È proprio qui che il binomio geologia-archeologia trova la sua migliore espressione, già prefigurata dagli studi ottocenteschi, la cui matrice geologica ha favorito la scoperta dei petroglifi. Una collina di verde posta a poco più di tre km dalla cintura torinese e a poco più di otto dal confine comunale di Torino. Un luogo particolarmente adatto per attività didattiche all'aperto, come hanno dimostrato i laboratori condotti dal *Gruppo Ricerche Cultura Montana* (d'ora in poi GRCM).

Le rocce coppellate dell'area morenica di Rivoli godono di un particolare primato. Sono le prime segnalate in Italia, nel 1881, grazie alla pubblicazione di Giuseppe Piolti. Si tratterebbe anche delle prime incisioni rupestri, se non fosse che solo tredici anni prima erano stati pubblicati gli schizzi a matita di 115 figure della *Valle delle Meraviglie*, allora ancora piemontese. Un'altra zona morenica, la Spina Verde di Como, verrà pochi anni dopo indagata, e risulterà anch'essa molto ricca di rocce coppellate, così come lo sono le colline di modellazione glaciale di Ivrea (*Paraj Auta*).

Come già anticipato, nel 1881, all'interno degli *Atti della Reale accademia delle Scienze di Torino*, Giuseppe Piolti, assistente al Museo Mineralogico della Reale Università, presentava una breve *Nota sopra alcune pietre a scodelle dell'anfiteatro morenico di Rivoli*. La scoperta della prima roccia da lui segnalata (fig.2), conseguenza delle sue attività di ricerca geologica nell'anfiteatro, era stata stimolata dall'opera dello zoologo, geologo (in particolare glaciologo) e preistorico franco-tedesco Édouard Desor (1811-1882), autore di una monografia sulle rocce a coppelle, il quale invitava a porre attenzione:

«sopra certe escavazioni che incontrasi alla superficie di alcuni massi erratici (...) [le quali] non sarebbero che antichi altari, su cui si sacrificavano vittime, il cui sangue sarebbe stato raccolto nelle accennate scodelle» (E. Desor, *Les Pierres à écuelles*, Ginevra 1878).

Se da una parte è significativo l'invito rivolto sia a geologi che ad archeologi, accostamento non casuale vista la comune pratica di indagine sul territorio, ancora più ricco di interesse nel caso di una zona morenica, dove entrano in campo anche gli studi sul glacialismo, è altrettanto significativa l'ipotesi sacrificale, che vede nel versamento di liquidi la chiave per la soluzione dell'enigma "coppelle". Tale chiave interpretativa sembra valida ancora oggi, pur stemperando l'idea del sacrificio cruento nell'ipotesi di più semplici offerte votive. Riguardo alle prove archeologiche di pratiche rituali e cerimoniali, non sono certamente casuali le coincidenze strutturali tra alcune "aree attrezzate coppellate" europee: si possono citare la roccia di Susa (popolazione celtica dei Segusini), l'altare rupestre del castro di Ulaca in Spagna (etnia celtica dei Vettoni) e infine l'area cerimoniale di Panóias in Portogallo, dove l'uso sacrificale è testimoniato da dediche in latino e in greco, fatte incidere dal senatore Caio Calpurnio Rufino in onore di Serapide e delle divinità dell'etnia indigena dei Lapitei. In tutti questi casi sono presenti superfici coppellate e scalinate scolpite nella roccia, le quali, superando un modesto dislivello, rispondevano a scopi scenografici, facilitando l'accesso a una sorta di "palco" o altare, dove le cerimonie sacrificali-offertorie potevano fare uso delle vasche e delle cavità coppelliformi. I contesti sono del III-I sec. a.C. per Ulaca e della fine II-inizi III sec. d.C. per Panóias.

Un secondo articolo del Piolti veniva pubblicato nel 1882; qui l'autore sosteneva l'utilizzo di un utensile in pietra e metteva in guardia dal confondere le "pietre a segnali" con le pietre di confine, dette anche *pere ciavoire*, recanti croci o linee.

Pochi anni dopo, gli autori del libro *Villarbasse, la sua torre - I suoi signori*, R. Brayda e F. Rondolino (1886), rendevano nota la presenza di un altro masso a coppelle, che "segna nella regione di Basse gli incunaboli di Villarbasse, la culla dei suoi primi abitatori, la data più antica delle sue memorie" (SUS 5).

Bisogna aspettare quasi un secolo perché le rocce incise della collina morenica salgano di nuovo agli onori della stampa. Ciò grazie all'opera meticolosa di Alberto Santacroce, il quale, oltre a passare in rassegna le evidenze pregresse, scopre e segnala una nuova roccia coppellata sul Monsagnasco (SUS19). Gran parte dello stesso materiale viene trattato in forma di schede ne *La Pietra e il Segno*, catalogo delle incisioni della Bassa Valle di Susa e Valcenischia, curato dal GRCM nel 1990. Qui un'altra nuova roccia a coppelle viene segnalata, ancora sul Monsagnasco (SUS 220).

Nello stesso volume è pregevole il contributo *Petroglifi negli archivi*, a cura di Luca Patria, che data al 1330, grazie a un documento dell'archivio storico di Torino, l'esecuzione della croce di confine tra Rivoli e Rivalta. Tale croce, citata anche dal

Piolti, è ancora oggi presente presso la sommità del Monsagnasco, sulla roccia nota come *Pera Crosà* (fig. 1). Ecco la leggenda ad essa collegata, così come raccontata sul Monsagnasco nel 2001 a una classe partecipante a un laboratorio didattico:

«Due signori, che abbiamo incontrato nel bosco, ci hanno raccontato la leggenda della Madonna e del diavolo. Essi si sono incontrati vicino ad una pietra, dove la Madonna ha lasciato il segno della croce e il diavolo l'impronta della sua zampa».

Fig.1

Fig.2

Figura 1. *La Croce incisa sulla pietra conosciuta come* Pera Crosà *segna il confine tra Rivoli e Rivalta dal 1330; secondo una leggenda popolare vi è stata lasciata dalla Madonna.*
Figura 2. *Il disegno a tratto della prima roccia a coppelle scoperta in Italia; coppelle e vaschetta a forma di piede sulla cresta del* Truc *Monsagnasco.*

## CATALOGO DELLE ROCCE

È opportuno a questo punto passare in rassegna le principali rocce incise dell'area, escludendo per motivi di spazio le numerose rocce coppellate su roccia madre dell'altro lato dell'anfiteatro, disposte lungo il basso versante del Musiné (SUS 96, 97, 98, 282, 283). A titolo di curiosità, va detto che proprio la SUS 1, della quale Piolti pubblica nel 1881 un'accurata illustrazione a tratto, che è il primo rilievo di roccia coppellata in Italia, è stata anche la prima, quasi cent'anni dopo, ad essere rilevata dal GRCM nel 1975. Si deve invece allo scrivente, su segnalazione all'amico e socio Leonardo Gribaudo, la scoperta nel 1986 dell'altra più importante roccia coppellata, la Monsagnasco 4.

## SUS 1 MONSAGNASCO 1

Comune di Rivoli (TO), località Monsagnasco, quota 404 m. Cresta della collina di Monsagnasco, bosco ceduo di castagni. Su sentiero. Masso stabile di 190 x 90 cm, superficie piana-irregolare, inclinazione da 10 a 40 gradi. Micascisto quarzoso. Incisioni: 61 coppelle, 4 canaletti, 1 vaschetta pediforme.

La superficie incisa è quasi piana, di forma grossolanamente triangolare, cosparsa di coppelle regolari e in molti casi consunte (fig. 2). Spiccano 6 coppelle maggiori (diametro massimo 9 cm) e profonde. Di queste, due sono unite da canaletto ansato che sbocca al margine della superficie incisa, e altre due unite da canaletti ansati alla vaschetta maggiore, che presenta una buona somiglianza con l'impronta di un piede, di dimensioni abbondanti. Piolti tentò un saggio di scavo alla base della pietra, sino alla profondità di 40-50 cm, trovando solo una gran quantità di «ciottoli glaciali di quarzo ed altre rocce».

## SUS 19 MONSAGNASCO 3

Comune di Rivoli (TO), località Monsagnasco, quota 400 m. Cresta della collina di Monsagnasco, bosco ceduo di castagni. Masso stabile di 140 x 110 cm, superficie piana-irregolare, inclinazione da 5 a 10 gradi. Incisioni: 19 coppelle.

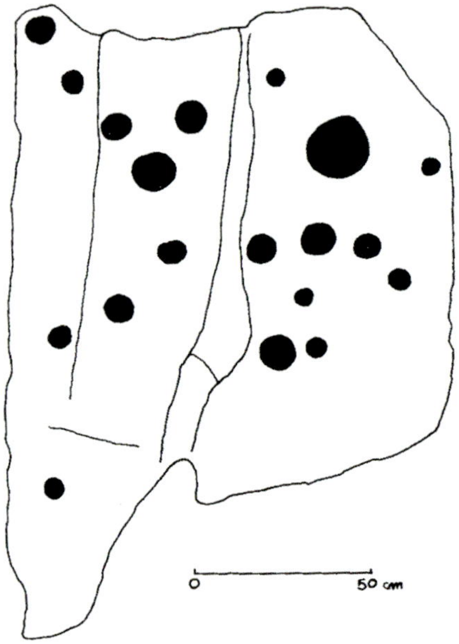


Fig.3

*SUS 19 Monsagnasco 3, foto e rilievo (Archivio GRCM).*

Fig.4

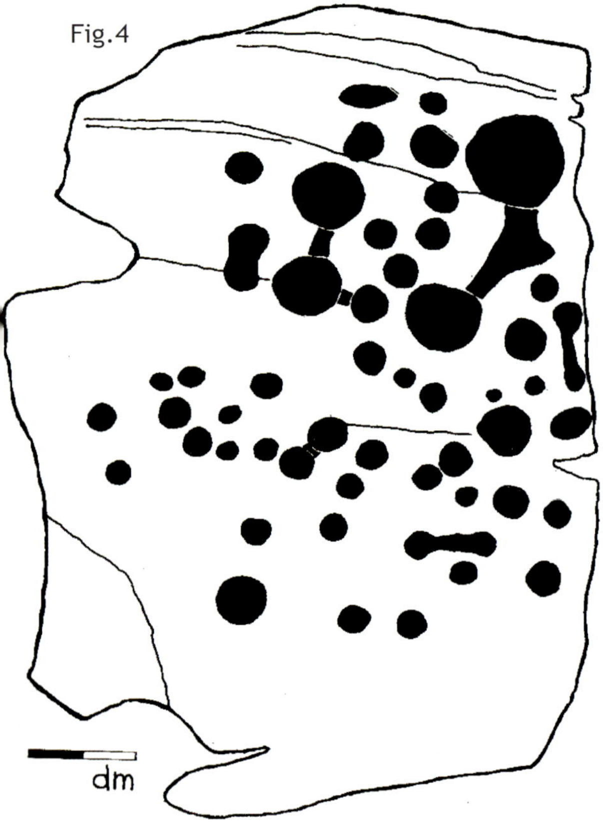


*SUS 220 Monsagnasco 4, rilievo e foto (Archivio GRCM).*

Blocco trapezoidale affiorante composto prevalentemente di quarzo (fig. 3). Presenta coppelle medio-grandi; una in particolare raggiunge i 18 cm di diametro. Il masso è diviso in due piani da un gradino naturale. Il bordo rivolto a nord si presenta squadrato e piano. Scoperto da A. Santacroce.

## SUS 220 MONSAGNASCO 4

Comune di Rivoli (TO), località Monsagnasco, quota 390 m. Inverso, zona morenica, bosco ceduo di castagni. Masso amovibile di 100 x 140 cm, superficie granulata e piana, inclinazione 30 gradi. Incisioni: 51 coppelle, 4 coppelle grandi, 3 canaletti.

La roccia è posta quasi sulla sommità della collina morenica, in un pendio boschivo esposto a nord. La pietra presenta una superficie granulare, con striature lungo l'asse orizzontale (fig. 4). Le quattro coppelle maggiori sono disposte a trapezio e unite da canaletti. La disposizione non pare del tutto casuale, con le coppelle sistemate a ventaglio attorno a una delle quattro più grandi e allineate lungo direttrici curve. Scoperta dal GRCM nel 1986.

## SUS 3 REANO *PERA 'D LA SPINA*

Comune di Reano, località Spina, quota 480 m. Pressi della cresta sommitale nord della collina morenica, che è una fra le zone più elevate dell'intero comprensorio. Lungo la vecchia strada comunale da Reano a Rivoli. Masso erratico di forma sub-cilindrica, 7 x 3 metri, altezza fino a 3 m, superficie superiore piana inclinata in media di 15°. Anfibolite mista a diorite. Incisioni: 11 coppelle poco profonde, "tasche" sulle pareti verticali.

Il grande erratico (fig. 5), già coperto da una fitta coltre di rampicanti, è stato da non molti anni ripulito, mettendo nuovamente in luce la superficie superiore, che reca alcune coppelle non molto profonde e poco visibili. Proprio nei pressi di questo masso è prevista dal piano regolatore di Reano la realizzazione della circonvallazione e di una rotonda. Si tratterebbe di una scelta non certo felice, come è al contrario molto felice la splendida posizione ambientale della *Pera 'd la Spina*.

## SUS 5 VILLARBASSE *PERA 'D LE SACÒCE*

Comune di Villarbasse, località Valletta di Basse, quota 390 m. A mezzacosta sul versante esposto a nord-est della Valletta di Basse, fitto bosco ceduo di castagni e acacie. Non su sentiero. Grosso masso stabile e dominante, superficie incisa piana a forma di poligono irregolare di circa 3 x 3 m. Ofiolite (prasinite). Incisioni: 11 coppelle, 6 "tasche".

È la cosiddetta *Pera 'd le Sacòce* (fig. 6), un grosso erratico giacente a mezzacosta, alto circa 5 m, con una superficie piana superiore, sulla quale sono incise undici coppelle regolari di medie dimensioni e poco profonde. La disposizione di sette di esse presenta una certa rassomiglianza con la configurazione dell'Orsa Maggiore, peraltro simmetricamente rovesciata. Le cosiddette "tasche", tafoni naturali al cui riguardo venne ipotizzato un utilizzo offertorio, sembrano almeno in due casi avere subìto una regolarizzazione artificiale.

## SUS 213 S. MARIA IN BORGOVECCHIO (*LOSA* DELLE COPPELLE)

Comune di Avigliana, località chiesa di S. Maria in Borgovecchio, quota 400 m. Proveniente dalla torbiera di Trana. Lastrone mobile, 130 x 150 x 30 cm, superficie incisa microsfaldata e piana. Incisioni: 25 coppelle.

La pietra è conservata nella chiesa di S. Maria in Borgovecchio, dove è stata portata nel 1986. Si presenta come una *losa* poligonale (fig.7), spessa mediamente 20 cm. Si notano unicamente 25 coppelle di diametro da 4 a 6 cm. La *losa*, del peso

Fig.5

Fig.6

di circa cinque quintali, era situata in precedenza ai margini della torbiera di Trana-Avigliana, dove agevolava il passaggio di un piccolo fosso, con la faccia incisa rivolta verso il basso. Fu portata in tale posizione all'incirca negli anni '30 del '900, prelevata dal contrafforte che va da Trana ad Avigliana. Appartiene quindi più propriamente al bacino idro-geologico della Val Sangone. Per quanto riguarda la disposizione delle coppelle, si è ipotizzato di potervi riconoscere la costellazione dell'Orsa Maggiore.

## LE ATTIVITÀ DIDATTICHE: *ANTICHI SASSI NELLA COLLINA MORENICA*

Dal 2001 e fino al 2003 alcune classi di scuola elementare e media inferiore hanno portato avanti attività didattiche di archeologia rupestre sulle rocce incise del Monsagnasco. Si è trattato del laboratorio *Sui Sentieri dell'arte rupestre - Antichi Sassi nella collina Morenica*, realizzato dallo scrivente e dal GRCM di Torino per l'Assessorato al Sistema Educativo del Comune di Torino, che ha anche visto la redazione di schede, pubblicate su Internet (www.webscuola.net).

Le attività prevedevano la divisione di ogni classe in cinque gruppi: schedatori, disegnatori, rilevatori, fotografi e naturalisti. Ogni gruppo agiva nei pressi della roccia incisa: compilazione delle schede, pulizia della roccia e rilievo a contatto con ricalco su fogli di plastica trasparente, disegno dell'ambiente e del paesaggio, documentazione fotografica e infine raccolta e schedatura di campioni botanici e mineralogici. Sono stati redatti appositi testi, per rispondere a domande del tipo: "perché hanno fatto le coppelle?", così come brevi racconti, giochi e poesie. Si è trattato in sostanza della riproposizione in chiave didattica di un percorso di documentazione di archeologica rupestre, nel corso del quale bambini e ragazzi si sono trasformati in veri e propri "scienziati in erba", secondo la definizione di una classe partecipante.

Oltre all'entusiasmo con il quale le attività sono state affrontate, vanno sottolineate le peculiari caratteristiche della località scelta, che non solo offre un ambiente naturale intatto a pochi chilometri dalle aree urbane, ma che permette anche la "scoperta" di interessanti monumenti archeologici. In questo senso si auspica la concretizzazione di un'opportuna salvaguardia, grazie anche agli opportuni strumenti legislativi, *in primis* l'approvanda legge regionale per la tutela dei massi erratici.

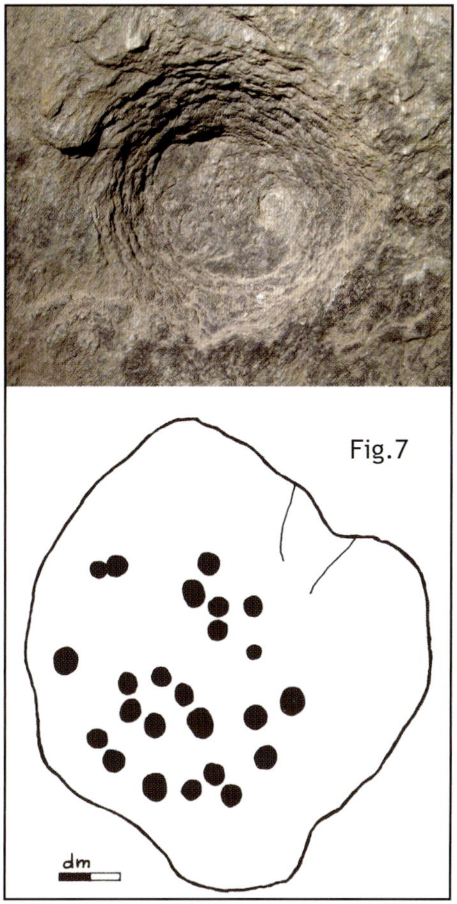


Figura 5. *SUS 3 Reano* Pera 'd la Spina, *ripresa generale (Archivio* G*RCM).*

Figura 6. *SUS 5 Villarbasse* Pera 'd le Sacòce, *rilievo e foto (Archivio* G*RCM); a sinistra il disegno a tratto di fine Ottocento (da R. B*RAYDA*, F. R*ONDOLINO*,* Villarbasse, la sua torre - I suoi signori, studii medioevali*, Torino 1986).*

*"Stele di Contes", Alpi Marittime, Francia. Incisioni sulle due facce principali.*

## COPPELLE E CROCI INCISE NELLE ALPI OCCIDENTALI

***di Silvia Sandrone***

Le coppelle e le croci incise rivestono un ruolo particolarmente importante nell'ambito dell'archeologia rupestre. La presenza di queste due tipologie di incisioni sui blocchi erratici della Collina morenica di Rivoli-Avigliana non rappresenta quindi un caso isolato, ma trova numerosi riscontri nell'arco alpino occidentale. Sul versante francese delle Alpi, in particolare, i due simboli si trovano spesso associati sulle cosiddette rocce a coppelle (in francese, *pierres à cupules*) dove croci incise di varie forme e dimensioni accompagnano o si sovrappongono a piccole scodelle emisferiche scavate nella roccia, con funzioni variamente ipotizzabili (cristianizzazione di elementi considerati pagani? Indicazioni viarie? Segnacoli di confine?). Possono essere citate, ad esempio, le rocce incise di Saint-Martin de Belleville (Villarenger) e di Feissons sur Salins (Plan de la Cherpine) in Savoia.

In questo ambito si inserisce un esemplare di particolare interesse: la cosiddetta "Stele di Contes", attualmente conservata al museo dipartimentale delle Meraviglie di Tende (Francia) ed esposta come calco in mostra. Si tratta di un cippo in arenaria tenera di colore grigio chiaro con incisioni sulle due facce principali e tracce di grossolana scalpellatura sulle due facce secondarie. Nello specifico, da un lato sono visibili piccole coppelle emisferiche incise accompagnate da segni graffiti difficilmente decifrabili, mentre dall'altro spicca una croce a bassorilievo ottenuta tramite rimozione della superficie circostante.

Prima di essere acquisito dal museo, il cippo fungeva da elemento decorativo in un giardino privato, ultimo di una serie di reimpieghi succedutisi nel corso del tempo: probabilmente staccato in blocco da una roccia a coppelle protostoriche, solo in epoca storica fu arricchito dal motivo della croce. Scolpita a bassorilievo sulla faccia che in origine doveva essere interrata, la croce conferiva probabilmente alla pietra la funzione di segnacolo, come si può anche evincere dal confronto con i cippi di confine esposti in mostra.

*Feissons sur Salins (Plan de la Cherpine) Savoia, Francia. Roccia incisa con coppelle e croci.*

*Saint-Martin de Belleville (Villarenger) Savoia, Francia. Roccia incisa con coppelle e croci. Particolare delle coppelle.*

*Nella pagina seguente,* Pera Sgaroira.

*Capitolo 6* ________

# UN PATRIMONIO DELL'IMMAGINARIO COLLETTIVO

# MASSI E MITI

## *di Luigi Motta*

Fino a non molti decenni or sono, nelle sere invernali, in tutte le aree rurali del Piemonte le famiglie si riunivano nella stalla, alla luce fioca di una candela, per concludere gli ultimi lavori della giornata sfruttando il calore garantito dalla presenza degli animali domestici. Questo momento di intimità offriva l'occasione per raccontare e tramandare, di generazione in generazione, tutto il patrimonio di conoscenze e di credenze che costituiva la ricchezza immateriale della comunità.

Nel territorio della Collina morenica i massi erratici, proprio per la loro forma, la loro mole e la loro posizione spesso curiosa e dominante rispetto al paesaggio circostante, ma soprattutto per il mistero che circondava le loro origini, hanno da sempre colpito l'immaginazione dell'uomo, tanto da essere al centro di un gran numero di leggende e racconti di origine antichissima. Già nei sermoni del fondatore della diocesi torinese, San Massimo (metà IV – inizi V secolo), a testimonianza del persistere degli antichi culti di origine pagana che vi erano collegati, gli erratici erano definiti "altari del diavolo".

La continuità di culto ha comportato sovente la cristianizzazione di luoghi di devozione già pagani, prevalentemente incidendovi il segno sacro per eccellenza, la croce. Questa pratica, nota dai menhir in Bretagna alle rocce di Traversella in Piemonte, è stata ipotizzata nell'anfiteatro morenico per il masso di S. Antonio di Ranverso.

Nella maggior parte dei casi, però, l'apposizione di simboli religiosi va interpretata come una presa di possesso di territori marginali, percepiti come campo d'azione prediletto degli spiriti maligni: è il caso di Rocca Pinta o di *Roc S. Giors*. Quest'ultimo, situato presso Rivoli, fu secondo una leggenda, dimora di un eremita ed è dedicato a S. Giorgio da Lydda, che sconfisse il drago abitatore dei luoghi solitari.

Se anticamente un certo numero di massi presentava pitture religiose (Rocca Pinta), piloni votivi (Masso di S. Antonio di Ranverso; masso presso Case La Cucurda ad Avigliana), cappelle (Roc di Pianezza; Rocca Pinta), purtroppo in parte scomparse, l'uso di erigere chiesette, statue religiose (*Pera Morera*) o anche solamente di dare ad un masso il nome di un santo (S. Pancrazio, S. Luigi, S. Giorgio) è oggi ancora vivo.

Benché si sappia ancora poco su cosa effettivamente abbiano rappresentato gli erratici per gli abitanti dell'anfiteatro vissuti prima dell'Ottocento, si può pensare, per analogia con altre regioni europee, che anche i massi dell'anfiteatro siano stati concepiti come abitazioni di entità più o meno amiche, custodi dei luoghi.

Nel Cuneese e nel Canavese, gruppi di massi sono identificati con i soldati inviati dall'imperatore Diocleziano all'inseguimento dei santi della Legione Tebea scampati al massacro ordinato dall'imperatore Massimiano nel 287. Rimasti pietrificati, rivelano la loro presenza a chi accosti un orecchio alla roccia, producendo strani rumori. Così, accostando l'orecchio ad un masso in località Ciapòt presso il fiume Sangone, si udrebbe il rumore del mare. Proprio questo rumore ha fatto nascere una leggenda dai contorni non definiti che vorrebbe esservi un fiume o delle persone nascoste nella pietra.

Nell'area dell'anfiteatro quattro massi sono legati alle masche: il *Roc d'le Masche* a Pianezza, la *Pera d'le Masche* sul Monte Cuneo, e le due *Pera Sgaroira*, una presso Rivoli, l'altra presso Avigliana.

Compaiono nella toponomastica delle colline moreniche anche due *Bal di Maschi*, posti uno

*I Saraceni, presenze reali e temutissime nel X secolo (raffigurati nella scultura della pagina accanto), col tempo diventarono i demoniaci Mori, che per la leggenda, avrebbero trasportato da lontano, magicamente,* Pera Morera*, presso la quale usavano radunarsi.*

nuovamente sul Monte Cuneo, l'altro sullo sperone roccioso di Torre del Colle.

Masca è un termine non così folkloristico come si potrebbe credere: nell'Editto di Rotari, tra le prime fonti giuridiche del Medioevo italiano, sono citate le *striae quod est mascae*. Si tratta di donne che operano incantesimi, sciolgono o indirizzano fatture, prevedono il futuro, sono capaci di curare con medicamenti strani mali altrimenti inguaribili. In altre parole sono esattamente streghe.

Il termine è stato anche usato in senso lato per denominare presenze più soprannaturali, ma tutto sommato meno pericolose, talora sentite con una punta di ironia: una sorta di spiritelli dispettosi, maligni, che si divertono a spaventare il prossimo, per il puro gusto di farlo.

La semplice osservazione che alcuni animali ritenuti nocivi dalla credenza popolare (volpi, serpenti, tassi e lupi) siano stanziali presso gli erratici, può essere stata alla base della credenza che i demoni dei massi possono incarnarsi nei selvatici per poi spostarsi, la notte, da un luogo all'altro in preda alla loro eterna pena per poi tornare, all'apparire del nuovo giorno, alla propria sede.

Se, come è stato correttamente osservato (M. Eliade, *Trattato di storia delle religioni,* Torino 1954) «non saprei dire se gli uomini hanno mai adorato i sassi in quanto sassi. (...) Una roccia, un ciottolo, sono oggetto di rispettosa devozione perché rappresentano o imitano qualche cosa (...) Li hanno adorati o se ne sono serviti come strumenti di azione spirituale, come centri di energia destinati alla difesa propria o a quella dei loro morti. (...) La loro funzione era magica più che religiosa», i massi non furono mai, probabilmente, direttamente oggetto di culto. Il loro ruolo nella religiosità popolare dei secoli passati fu comunque di rilievo specialmente quando si trovavano inseriti in contesti scenografici, come è evidente nelle più famose aree di incisioni rupestri liguro-piemontesi (Monte Bego, Traversella).

Fra le credenze pagane legate alla rocce, la più documentata e diffusa in molte parti del mondo è quella delle "pietre fecondatrici" e cioè che i massi cui era attribuita un'anima avessero un potere fecondatore. Inoltre, in alcuni megaliti e massi, l'antenato o il morto "fissato" nel sasso diventa da presenza rancorosa verso i viventi, strumento di difesa e di accrescimento della vita. Così i Samoiedi pregano e offrono oro alla *pyl-paja* (la donna-sasso), e gli sposi novelli camminano sopra un sasso perché la loro unione sia feconda. Deboli vestigia di queste usanze, eredi di un culto antico, sopravvivono nella *glisse* (= scivolata) francese, in cui per avere figli le donne scivolano lungo una pietra consacrata, oppure nella *friction*, in cui si siedono sopra un monolito (Decines, Provenza), dormono sopra un masso (Finisterre), vi strofinano il ventre (Pont-Aven) o lo urtano con le natiche (Cappella del Sasso, Oropa). In Finisterre, nel Medioevo furono emesse dal potere religioso e da quello civile leggi contro il "culto" delle pietre che si manifestava anche con l'accoppiamento di coniugi durante il plenilunio e altre pratiche sessuali presso i massi. A Carnac fu piantata una croce sulla roccia per impedire un rito tipo *friction*, e verosimilmente hanno lo stesso scopo le croci piantate in antichità su diversi erratici valsusini oggetto di culto, come Pietra Alta e *Pera Morera*, e la colonnina gneissica con simboli cristiani sul masso di S. Antonio di Ranverso. Una credenza che potrebbe essere definita "complementare" a queste è quella delle "Pietre forate", attraverso cui devono essere fatti passare i bambini per assicurare loro buona salute (secondo M. Eliade, diffusa in Francia, Grecia, Inghilterra). Non si può escludere

*Per la tradizione occidentale ed islamica, Salomone ebbe ai suoi ordini diavoli per costruire il Tempio. Così comandò loro di trasportare da grandi distanze la Pietra Salomone (pagina a sinistra). Perché poi un diavolo abbia abbandonato il masso presso Reano è un mistero. Il mito tiene conto delle grandi dimensioni del masso, della sua sacralità e dell'uso come cava di pietra. Ci piace pensare che già "una volta" ci si interrogasse sull'origine dei massi erratici e si risolvesse la questione invocando l'opera diabolica.*

che tale usanza fosse praticata anche presso alcuni gruppi di erratici valsusini, in cui lo spazio fra massi accostati naturalmente a formare una galleria è stato artificialmente ripulito da detriti e terriccio (Masso della Veneria, *Pera Morera*). Ancora nell'Ottocento le genti contadine valsusine ritenevano che toccando gli erratici ci si propiziasse la fertilità dei campi e delle donne.

Deriva dalla reminiscenza di culti pagani anche l'associazione fra massi e diavolo di molte leggende piemontesi. La più conosciuta è quella relativa alla *Pera Cagna*, grosso erratico del Piano di Trione (Val Grande di Lanzo). «Pare che al diavolo fosse stato assegnato il compito di distruggere una città e i suoi perversi abitanti, e si accingesse all'opera trasportando sulle spalle un enorme macigno. Nel suo itinerario passò sopra la Val Grande, ma per le preghiere di un santo eremita al diavolo mancarono le forze e il masso gli sfuggì precipitando nel posto dov'è tuttora. Tentò con tutte le forze disponibili di risollevarlo, trasformandosi via via in leone, aquila, avvoltoio, lasciando ogni volta impressi i segni dei suoi sforzi». I segni menzionati dalla leggenda sono le "sacocie", i tafoni e le vaschette di corrosione precedentemente citati. Probabilmente una leggenda analoga è all'origine del nome della *Pera d'le Masche*, ricca di *pseudokarren* foggiati a graffi. In Valle di Susa una leggenda sicuramente senza substrato pagano precedente, racconta: «Venuto a morte, Erode non fu precipitato nell'inferno, ma condannato a girare il mondo in una carrozza di ferro arroventata che col vento fiammeggia e manda scintille. Per liberarsi di quel tormento Erode cerca di mandarla a fracassarsi contro i macigni che incontra nel suo cammino. Uno di questi si trova in Valle di Susa, tra Vayes e Sant'Antonino: di notte si può vedere la carrozza d'Erode che tra fumo e faville gira intorno a questo masso, poi, siccome non riesce a rovinarla, Erode scompare».

Un utilizzo comprovato dei massi è quello di sito-deposito di oggetti. Il masso può essere adibito a magazzino di attrezzi agricoli quando ha lati strapiombanti, che formano anfratti sempre asciutti oppure fungere da punto di riferimento per il seppellimento di oggetti di valore in momenti di pericolo, particolarmente utile in aree uniformi e boscose. Per entrambi questi usi, le aree più importanti non sono quelle dell'anfiteatro ma quelle più interne alla valle, in particolare San Valeriano e La Maddalena di Chiomonte. Ancora una volta, l'uso antico ha lasciato tracce nelle leggende popolari. Per la *Pera Cagna* precedentemente citata, la leggenda vuole che siano nascoste nelle viscere del masso grosse quantità d'oro e d'argento, da qui il detto «il Calcante e *Pera Cagna*, valgon più di Francia e Spagna».

*L'edicola costruita fra i massi di* Pera Pinta *(nella fotografia e nel disegno di Sacco) è un tipico esempio di affermazione della cristianità. Un tempo era presente anche una grande pittura religiosa sul masso, da cui questo ha preso il nome.* Pera Pinta *inoltre è fra i pochi massi a presentare scivoli levigati che potrebbero essere in parte legati a pratiche rituali,come la glisse.*

*Nella pagina seguente, le vie dei sassi si risolvono pochi ma difficili movimenti.*

*Capitolo 7 ________*

# L'ESPLORAZIONE DEI MASSI E LA LORO SALITA

# IL VALORE STORICO DELL'ARRAMPICATA SUI MASSI

## *di Ivan Guerini*

In Francia i Massi di Fontainebleau furono "arrampicati" dai parigini per compensare la distanza che divideva la capitale dalle montagne, nel 1908 Jacques Wehrlin sale la crepa tra le Carre d'As e Duroxmanie, per molto tempo considerato la prima testimonianza storica della salita d'un masso.

Nel 1935 l'ingegnoso Pierre Allain sale l'Ange Allain grazie a un prototipo delle odierne scarpe d'arrampicata a suola liscia. Diventando così l'entusiasta caposcuola della zona, considera la salita di quei massi come una trasposizione dell'idea di conquista alpina con una finalità di sfida agonistica.

In Italia, a partire dagli anni Trenta, nel Carso Triestino, Emilio Comici e i "Bruti" della Val Rosandra fecero delle Rocce di Prosecco il loro "ginnasio", avviando una grande tradizione alpinistica. Dal 1933 vennero in auge anche i Massi del Nibbio e il Sasso Rossi, la cuspide antistante alla famosa parete di Pian dei Resinelli (presso il Lago di Como), che videro le "prodezze dimostrative"dei "Ragni di Lecco" tra i quali eccellevano Vittorio Panzeri, Vittorio Ratti, Mario Dell'Oro e il milanese Nino Oppio, seguiti a ruota dai più forti arrampicatori lombardi delle generazioni successive, come i monzesi Andrea Oggioni, Walter Bonatti e Gaetano Maggioni.

Sulle Roccette di Milano, costituite da blocchi di puddinga posti nel 1962 all'interno dei giardini pubblici di Porta Venezia, gli alpinisti di città arrampicavano fin dai primi anni Quaranta.

Negli Stati Uniti d'America, a partire dagli anni Cinquanta, John Gill conferì una marcata identità al *bouldering*, da lui considerato un modo di arrampicare che si potrebbe definire d'introspezione atletica perché le potenzialità del corpo venivano sviluppate parallelamente a quelle dell'arrampicata, senza mai considerare gli appigli dei sassi come attrezzi ginnici. Personalmente mi dedicai a partire dal 1971 alla scoperta dei Massi di Val Masino e Val di Mello (Lombardia) esplorando per un decennio un'infinità di blocchi di tutte le dimensioni, da quelli più bassi di Cataeggio a quelli decisamente alti della Rasica. Il desiderio che mi induceva ad esplorare sia massi facili che difficili anche per una giornata intera, divenne una possibilità di raccordare l'interiorità dell'individuo all'essenzialità della parete, piccola o grande che fosse. Il masso fu la "chiave d'accesso" che mi permise di percorrere i tratti meno interpretabili delle altissime pareti sconosciute che affrontai da solo in seguito.

Dal 1974, Gian Carlo Grassi si dedicava all'esplorazione dei Massi della Valle di Susa, con l'entusiasmo irrefrenabile di uno "spirito naif". Fondamentale fu anche l'amicizia col formidabile Kosterlitz, scozzese trasferitosi a Torino e salitore di un masso della Valle Orco, che da lui prese il nome rimanendo per decenni la fessura "estrema" per antonomasia.

Grassi trascinò tutti i componenti del "Mucchio Selvaggio" di Torino del quale fecero parte Danilo Galante, Andrea Gobetti (l'*enfant prodige* del gruppo), Massimo De Michela, Mauro Pettigiani e Roberto Bonelli, la cui particolare predilezione per le fessure ad incastro gli consentì di realizzare, nel 1978 in Valle dell'Orco, la prima ripetizione del Masso Kosterlitz. Da quegli arrampicatori Marco Bernardi si distinse per la genuina curiosità che lo contraddistingue tutt'ora e che gli fece considerare i massi, in quanto concentrato d'impegno, una forma di nobile attività a sé stante, al pari di Gabriele Beuchod.

In quegli anni in Italia si delinearono differenti motivazioni fra quanti erano attirati da questo tipo di "breve arrampicata", priva del rischio di caduta che caratterizza la parete, della severità delle

*Nella pagina a fianco, Ivan Guerini sul Sasso Remenno.*

fredde pareti dell'alpinismo e della grandiosità tipica delle vette alpine. Per la maggioranza degli sportivi salire sui massi rappresentava la possibilità di effettuare un'arrampicata alleggerita dal peso del materiale da roccia, e di allenarsi quando non era possibile recarsi in montagna, mentre la "minoranza riflessiva" prendeva le mosse dall'"esigenza estetica" di alleggerire se stessi dai propri limiti con gesti essenziali.

Il gruppo dei "Sassisti di Sondrio" potrebbe essere considerato a tutti gli effetti un secondo "Mucchio Selvaggio": l'arrampicata sui sassi era vissuta come una "contestazione alternativa"ai severi disagi dell'alpinismo e all'autorevolezza della tradizione. Quell'attività inizialmente identificata in un'idilliaca "idea di libertà" dal materiale d'arrampicata, di "superamento dei limiti" personali e di "estetica motoria", nei primi anni Ottanta, con l'avvento dell'arrampicata geotecnica (a spit) si trasformò per alcuni in un'attività necessaria ad accrescere la propria forza, resistenza e coordinazione. Poiché i massi consentivano di superare passaggi molto più difficili di quelli che si incontravano in parete, furono considerati come superficie d'allenamento per incrementare le capacità fisiche e affinare la tecnica di salita in modo da trovarsi agevolati in parete.

Questa tendenza ha portato a relegare le possibilità dell'individuo in un ambito specializzato a discapito della percezione ambientale.

Alla fine degli anni Novanta ci fu un "lancio promozionale" di quest'attività da sempre praticata, e pertanto l'arrampicata sui massi fu chiamata definitivamente *bouldering*, all'americana. Per *boulder* non s'intende più solo il masso "in quanto tale", ma il tipo d'impegno che richiede e che addirittura si è cercato di riprodurre con le prese e le modalità esecutive dell'arrampicata sintetica, realizzando cloni di massi, da quello della palestra indoor di Orly ai recentissimi antistanti il Palabraccini di Torino.

# L'AVVENTURA DIETRO CASA: INTERVISTA A MARCO BERNARDI

## *di Fabio Balocco*

*Marco, ci racconti come e quando è nata l'arrampicata sui massi in valle di Susa?*

«Ricordo che mi sono avvicinato ai massi nel 1974/75. Mi ero iscritto alla scuola di alpinismo di Alpignano e si andava sui massi esclusivamente per allenamento. Allora, a dire il vero, c'era solo il masso di Caselette ad essere frequentato. Si faceva la traversata del masso, che è molto grande, e si facevano più giri possibili, passando da una presa all'altra solo per allenarsi alla resistenza.

Non c'era la ricerca della difficoltà, non si salivano vie. Quello venne dopo. Il vero scopritore dei massi in questo senso fu Gian Carlo Grassi. Forse grazie ai suoi viaggi negli Stati Uniti, dove i massi venivano saliti, e l'arrampicata sui massi era un'attività a sé, con una sua dignità. Negli Stati Uniti il primo ad utilizzare i massi per l'arrampicata fu John Gill, un ginnasta che aveva portato sui massi le stesse tecniche di allenamento della ginnastica. Aveva anche inventato una bellissima classificazione delle difficoltà sui massi: B1 significava che una sola persona era riuscita a salire il masso per quella via, B2 se erano due, B3 se erano tre. Sopra il B3 non esisteva più classificazione perché voleva dire che la via era troppo facile. Il mio primo incontro con Grassi lo feci proprio sotto un masso, alla Pietra Salomone di Trana, una domenica. Gian Carlo provava una soddisfazione fine a se stessa nell'arrampicata sui massi.

Questa sua visione mi contagiò ed anch'io cominciai ad arrampicare sui massi alla ricerca delle difficoltà. Ma l'attività principale restava l'alpinismo».

*Oltre a te e Gian Carlo, altri arrampicavano sui massi?*

«Un altro che arrampicava parecchio sui massi

*Marco Bernardi in presa su un masso della collina morenica alla fine degli anni Settanta.*

*Nella pagina seguente, una presa su un masso della Collina morenica.*

era Claudio Persico, col quale andai anche ad arrampicare a Finale, quando a Finale le vie erano non più di sei o sette, e non le centinaia di oggi. Ma eravamo comunque in pochi a salire i massi. Ricordo anche Roberto Bonelli, Franco Salino, Renzo Luzi. Ma, ripeto, eravamo mosche bianche. Però andavamo molto. Ogni due o tre sere si andava, si scoprivano massi nuovi e si aprivano nuove vie. C'era anche competizione fra di noi. Ricordo che un periodo particolarmente proficuo fu la primavera del 1980. Allora tenevo anche un diario in cui mi segnavo le vie, ovviamente solo quelle nuove. Ma chi provvedeva poi a catalogarle era Grassi».

*Consideravate questa attività come a se stante o come palestra in funzione dell'alpinismo?*

«Dopo un primo periodo in cui i massi erano stati solo visti come allenamento, io personalmente cominciai a vederli con occhi diversi. E a divertirmi a salirli, per il piacere della salita in sé. Era un piacere fine a se stesso fare un passaggio per la prima volta. Un piacere del tutto diverso dall'alpinismo, il piacere dell'arrampicata in sé. Era una gratificazione solo di tipo sportivo. Che poi avrei riversato anche nelle gare d'arrampicata».

*Eravate in contatto o comunque sapevate che attività sui massi si svolgevano anche in Val di Mello ed a Fontainebleau?*

«Conoscevamo *Bleau* (N.d.R. Fontainebleau), ma a *Bleau* c'era una visione diversa dei massi. Le vie di *Bleau* erano paragonate alle vie alpine. A volte si leggeva sulle guide che un certo percorso era comparabile ad una certa via delle Alpi. Non c'era una ricerca della difficoltà fine a se stessa, ma si cercava di ricreare le stesse sensazioni delle grandi vie di montagna.

In Val di Mello sapevamo che c'era un movimento analogo al nostro, ma non avevamo contatti. A *Bleau* fummo stimolati ad andare, non in Val di Mello. Doveva essere l'82 quando andai per la prima volta a

*Bleau*, ma andai con lo spirito dell'arrampicata fine a se stessa».

*Cosa ne pensi di chi oggi pratica il* bouldering*?*

«Benché io sia stato uno dei promotori dell'arrampicata, non credo che né le gare di arrampicata né l'arrampicata su strutture artificiali abbiano un senso. Io penso che l'arrampicata su masso sia la vera essenza dell'attività sportiva dell'arrampicata. L'arrampicata deve svolgersi solo su una struttura naturale e l'arrampicata su masso ne è la massima espressione. Mentre in falesia l'arrampicata è interrotta dalla necessità di utilizzare le protezioni. Sarebbe meglio in falesia arrampicare con la corda dall'alto per migliorare la tecnica, e per provare il piacere dell'arrampicata in sé come si prova sui massi, anziché assicurarsi da uno spit all'altro. L'arrampicata è poi un mezzo tecnico che può evolvere nell'alpinismo, ma può anche rimanere arrampicata, attività sportiva in sé, che esalta il gesto fine a se stesso, facilitato questo anche dalla mancanza del rischio. Io per l'arrampicata sui massi vedo un futuro e le gare potrebbero svolgersi proprio sui massi, piuttosto che sulle strutture artificiali, che non hanno senso. Nell'arrampicata non si deve pensare che al gesto fine a se stesso».

*Tu arrampichi ancora sui massi?*

«Sì, magari non ricerco la massima difficoltà, ma mi diverte ancora, soprattutto a Fontainebleau, dove andiamo una volta all'anno. I massi qui sono più lisci di allora, il serpentino si logora. A *Bleau* invece si sono conservati meglio, grazie all'arenaria».

*Una domanda personale: altri al tuo posto avrebbero deciso di vivere almeno in parte sulla fama che si erano creati. Tu no, hai deciso di ritirarti dalla scena. Perché?*

«A me è sempre piaciuta l'avventura, ho sempre cercato di fare salite avvolte nel mistero, nella leggenda. A me piace, mi attira quello che non conosco. Quando mi sono reso conto che avevo dato il massimo, non m'interessava ripetermi. E poi anche i grandi problemi erano stati tutti risolti, almeno sulle Alpi. L'alpinismo è rischio e secondo me ha un senso correrlo solo se rappresenta qualcosa di nuovo, e questa non è un'idea solo mia. Quando avevo vent'anni mi sembrava che l'alpinismo avesse un significato anche per l'umanità, che trascendesse la mia persona. Poi, a 25/26 anni mi sono reso conto che avevo dato tutto quello che potevo dare e non aveva più senso continuare a rischiare. Così mi sono avvicinato all'arrampicata, ma l'arrampicata è davvero tutta un'altra cosa rispetto all'alpinismo.

È diversa come è diversa l'informatica, cui mi sono dedicato dopo, questa volta per lavoro. Non è stato difficile. Il vero passo è staccare dall'alpinismo, una volta fatto, puoi esercitare qualsiasi altra attività. L'alpinismo è una cosa unica, che ti assorbe totalmente. Ricercare il proprio limite nell'alpinismo porta necessariamente a incontrarsi con il significato della morte e quindi anche della vita: il resto, benché complesso ed impegnativo, è altra cosa...».

*Marco Bernardi nasce a Torino il 6 febbraio 1958. A 15 anni si iscrive al CAI, dove diventerà istruttore, ed inizia a dedicarsi ad un'intensa attività alpinistica. A 22 anni ha già effettuato, fra le altre, la prima salita in solitaria della Parete Est delle Grand Jorasses, la prima salita in solitaria del Pilier Dérobé al Monte Bianco e la prima salita in solitaria invernale della Parete Nord dello Scarason, nel gruppo del Marguareis. Non trovando più giustificazioni etiche per continuare nell'attività alpinistica, si rivolge all'arrampicata, dove supera notevoli difficoltà (8a in Verdon). Nel 1985, insieme con Emanuele Cassarà ed Andrea Mellano, organizza le prime gare di arrampicata sportiva basate sul concetto di difficoltà (precedentemente si svolgevano solo gare di velocità nei paesi dell'est europeo). Nel 1986, a causa di problemi muscolari, deve interrompere l'arrampicata. Dal 1987 lavora in proprio in campo informatico. Oggi continua ad arrampicare ma per puro divertimento.*

# IL CAI DI PIANEZZA E LE SCUOLE ELEMENTARI SUL MASSO GASTALDI

## *di Liliana Boella*

Fin dalla nascita della sezione nel 1976, i soci del Club Alpino Italiano di Pianezza si sono adoperati per la pulizia e la valorizzazione del Masso Gastaldi. Un apposito comitato è attivo per gli interventi di illuminazione, di predisposizione del materiale informativo e di messa in sicurezza delle vie di arrampicata, tutti necessari a mantenere "vivo" questo masso.

Secondo un'abitudine ormai consolidatasi negli anni, la sezione CAI organizza sul masso incontri di avvicinamento all'arrampicata rivolti alle scuole elementari.

Queste esperienze attirano ogni anno numerosi alunni da cui nascono, come si deduce dai loro racconti: « l'entusiasmo per la grande avventura», «il coraggio di vincere presunzione e paura», «l'essere uniti, il darsi una mano...», «la consapevolezza di aver imparato non solo la tecnica a evitar la caduta, ma la gioia e la luce di una passione vissuta», «la curiosità sull'origine dei massi erratici».

*Nella pagina a fianco il* Roc *di Pianezza o Masso Gastaldi.*
*Sopra un disegno degli studenti raffigurante la Collina morenica.*

*Nella pagina seguente, un moderno masso...al Palabraccini di Torino. I massi erratici rischiano di ridursi a fonte d'ispirazione per le strutture artificiali da scalata.*

*La classe III B (anno scolastico 2007/08) della Scuola Elementare "A. Manzoni" di Pianezza ha espresso in poesia quanto imparato*

### Il Masso Gastaldi

*Nell'oscura preistoria*
*non arriva la memoria;*
*non essendo allor presente*
*non ricordo proprio niente.*
*Però di questo masso*
*noi sappiam che andava a spasso;*
*era libero nel mondo*
*questo insigne vagabondo:*
*non per niente il Masso Erratico*
*era... un sasso geografico.*
*E da tempo immemorabile*
*a Pianezza è sempre stabile,*
*più di lui nessuno è statico,*
*il suo nome è "Masso Erratico".*
*Un milione di anni fa Egli è rotolato qua.*
*Da che monte si è staccato*
*questo celebre spostato?*
*Per capir questo argomento*
*basta un po' d'orientamento*
*e se appena ti orizzonti*
*verso Susa ed i suoi monti*
*puoi pensare che da quelli,*
*a gran salti e saltarelli*
*rotolò, finché a Pianezza*
*si fermò per la stanchezza.*
*Forse andava verso il Po*
*ma in quel luogo si fermò,*
*perché volle far dimora*
*sulle rive della Dora.*
*A chi vuol sapere il vero,*
*bisogna dire che il masso intero*
*qui non venne rotolando*
*venne placido sul dorso*
*d'un ghiacciaio in lento corso.*
*Quando il ghiacciaio fu tutto sciolto*
*fu piantato questo rocco.*
*Il ghiacciaio dal groppone*
*scaricò questo poltrone.*
*Rilasciato su questo suolo*
*si trovò davvero solo,*
*solo, senza compagnia*
*chissà quanta nostalgia.*
*Emergeva solitario*
*sullo stato quaternario.*
*Ma pensava già al futuro*
*quel testone così duro.*
*Ed infatti finalmente*
*arrivò poi molta gente*
*che piantò le sue case.*
*proprio attorno alla sua base.*

*Capitolo 8* ________

# UNA RISORSA DA VALORIZZARE

# LA "RETE DI VIE" STORICO - NATURALISTICHE TRA RIVOLI E SANT'AMBROGIO

*di Gianfranco Salotti*

Il territorio che comprende la Collina morenica, il Monte Cuneo, l'Area Intermorenica Aviglianese ed i Monti della Sacra è percorso da una fittissima rete di strade bianche e di sentieri realizzati nel corso dei secoli per collegare i vari borghi e per raggiungere i campi. Oggi, la maggior parte di coloro che percorrono la Collina è guidata da nuovi obiettivi. I suoi boschi sono infatti tra i luoghi della bassa Valle di Susa più frequentati dagli amanti della natura, dell'escursionismo e della bicicletta, e sempre di più da tutti coloro che intendono migliorarsi attraverso il contatto diretto con la natura.

Non è raro, soprattutto verso il crepuscolo o durante il fine settimana, incontrare numerose persone che pedalano o percorrono a piedi i sentieri. Gli itinerari classici, come l'Anello di Cresta Grande o il Giro del Moncuni, sono i più visitati, ma i sentieri meno conosciuti della collina sono così numerosi che la scoperta di nuovi percorsi non ha mai fine.

I motivi che spingono sempre più persone, sportive e non, a frequentare la Collina morenica sono il senso di libertà e di quiete trasmesso dai boschi, il bisogno di allontanarsi dal traffico e dal rumore della città, la voglia di fare sport, di allenarsi e di mettersi alla prova o, molto più semplicemente, il desiderio di perdersi fra i colori, i profumi e naturalmente i sapori del territorio.

Un ulteriore aspetto che aumenta il fascino e la fruibilità del luogo è la stagionalità. Nel corso delle diverse stagioni il paesaggio si modifica radicalmente, e così anche i sentieri cambiano aspetto e colori, donando scorci e visuali sempre nuove. Perfino la neve non impedisce la frequentazione della zona, tutt'altro: i sentieri e le strade ricoperte di un bianco manto diventano un'occasione unica per gli appassionati dello sci di fondo. Nel corso dell'ultimo decennio, il Centro Miscarlino di Rivoli per l'educazione ambientale, scuole, associazioni sportive ed enti pubblici hanno dato vita, singolarmente o in sinergia, a numerose attività sul territorio tese alla sua conoscenza ed alla sua fruizione.

Nell'ambito di queste attività, utilizzando la rete di antichi sentieri, mulattiere e sterrati, l'Associazione per la Salvaguardia della Collina Morenica insieme con la Scuola per Via ha progettato e realizzato alcuni percorsi particolarmente significativi: la Via dei Pellegrini e l'Anello della Torbiera di Trana.

*Passeggiata invernale sui sentieri della Collina morenica.*

*Nell'immagine a sinistra, una via tra i muretti a secco attraverso la collina.*

Simbolo usato nella tratta **Avigliana - S. Ambrogio,** tratta inaugurata nel 1998. Realizzata dal Comune di Avigliana e Ente Parco

Simbolo usato nella tratta **Rivoli - Avigliana,** tratta inaugurata nel 2001 e realizzata dall 'ASCM con il contributo della Regione Piemonte Ass. Ambiente

**Punti di interesse toponomastica con tabella descrittiva**

1 Castello di Rivoli
2 Cascina Vacchiero
3 Pietra Grossa
4 Roca Sgaroira
5 Cascina Nuova
6 S. Antonio di Ranverso
7 Torre Bicocca
8 Nicola di Buttigliera
9 Roc Bufì
10 Fontana di Montcuni
11 Col Buchèt
12 Bal di Maschi
13 Roc del Picapera
14 Pera Luvera
15 Stazione F.S Avigliana
16 Borgo Vecchio
17 Borgo nuovo
18 Borgo Paglierino
19 Borgo S. Pietro
20 L'imperuur
21 Le Druin-e
22 Borgata Ulivè
23 I Sada
24 S. Bartolomeo
25 Rua Cordero
26 Il Laiun
27 Borgata Battagliotti
28 Certosa di S. Francesco
29 Fonte S. Francesco
30 Borgata Mortera
31 Strada dei Principi
32 Il colletto del Farò
33 Colle della Croce Nera
34 Villaggio S. Pietro
35 S.Ambrogio e Stazione F.S.

P Zona parcheggio

R Rivoli
A Avigliana

N

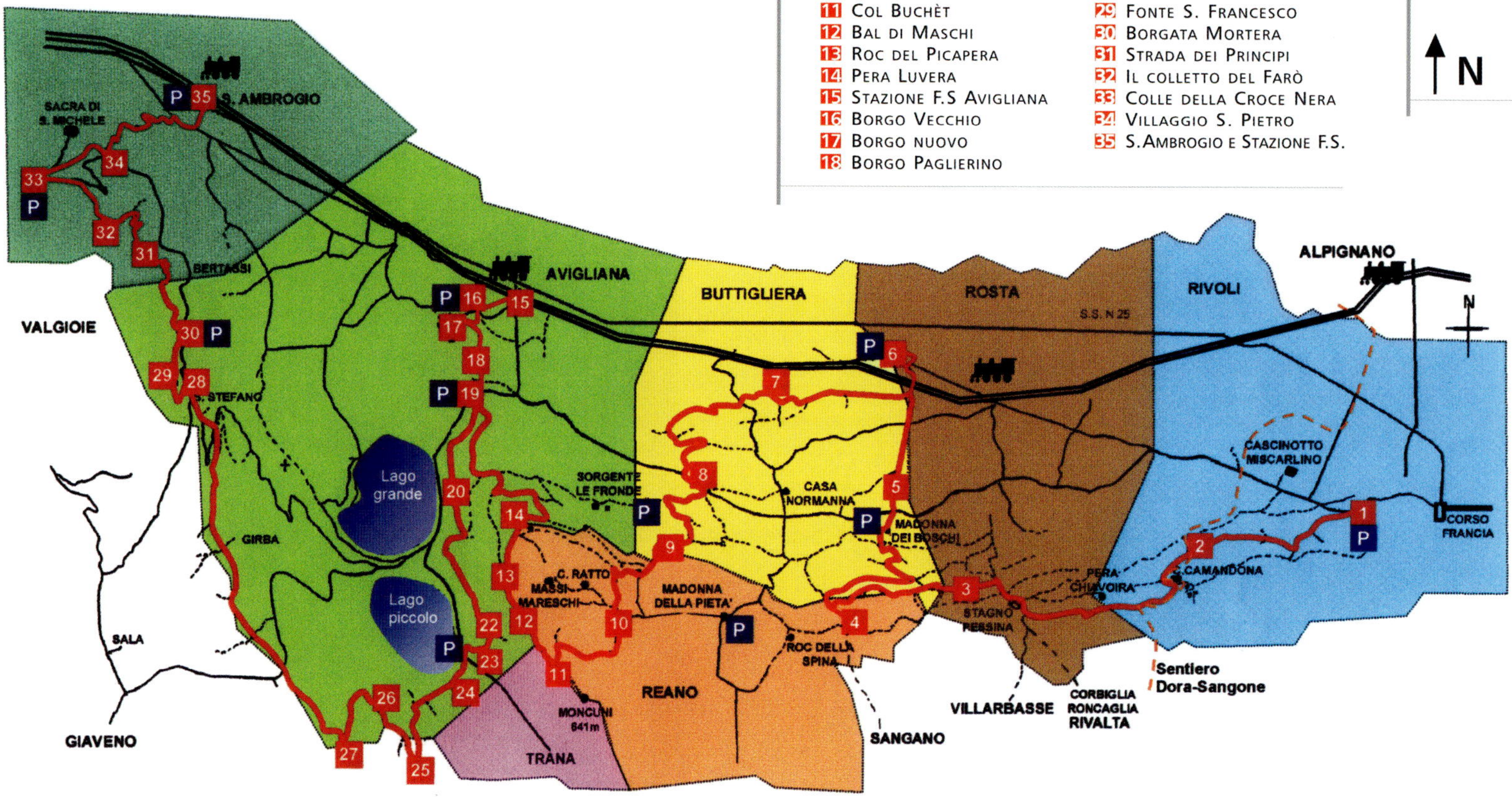


*La Via dei Pellegrini.*

## LA "VIA DEI PELLEGRINI" DI RIVOLI - AVIGLIANA - SANT'AMBROGIO

### *di Gianfranco Salotti*

È un grande itinerario per "pellegrini moderni" il cui nome non si riferisce ai pellegrini religiosi, ma ai camminatori alla ricerca del visibile e dell'invisibile della Collina morenica, dei laghi e delle paludi aviglianesi, dei Monti della Sacra.

Il percorso, elaborato tra il 1998 e il 2001 come modello di turismo altamente sostenibile in bassa Valle di Susa, si sviluppa lungo la linea ferroviaria Torino-Modane. È stato ideato per il "pellegrino-visitatore" del terzo millennio che intende riscattarsi dai consumi e dalla virtualità dei rapporti, dallo stress e dall'artificiosità dello stile di vita moderno, attraverso un approccio leggero ma profondo alla natura e alla cultura del territorio. Al tempo stesso dà modo di sperimentare emozioni, vivere atmosfere, rievocare usi, dialetti, linguaggi e tradizioni.

Il fruitore del percorso è un pellegrino-visitatore cui viene offerta la possibilità di comprendere l'ambiente in modi diversi, attraverso:

- il recupero dei sensi, dalla vista all'olfatto, dall'odorato al tatto;
- il recupero della memoria, grazie alla riscoperta di credenze e di leggende;
- il recupero dell'invisibile, attraverso la toponomastica dialettale dei luoghi più significativi;
- il recupero della bio-diversità, in antitesi alla globalizzazione culturale.

L'itinerario comprende i principali monumenti dell'area e ne attraversa gli ambienti più rappresentativi dal punto di vista geologico e naturalistico. Tocca gioielli del Medioevo piemontese, come Sant'Antonio di Ranverso e la chiesa di San Pietro ad Avigliana, e raggiunge il culmine altimetrico e simbolico alla Sacra di San Michele, passando dalle dolci ondulazioni, conche e vallette della Collina morenica, disseminate di massi erratici, alla depressione dei laghi di Avigliana. Lungo il percorso si incontrano ambienti naturalisticamente importanti, come le piccole aree umide ed i boschi che rappresentano un prezioso polmone verde alle porte di Torino.

Accanto alla presenza di elementi materiali, frutto dell'attività glaciale e dell'azione antropica che nel corso del tempo hanno modellato il territorio, la Via dei Pellegrini presenta un colorito patrimonio di tradizioni popolari, toponomastiche e dialettali, come descritto nelle numerose bacheche disseminate lungo il percorso.

*Fruitori della Via dei Pellegrini lungo uno dei sentieri visibili nella mappa rappresentata a sinistra*

# L'ANELLO DELLA TORBIERA DI TRANA

*di Ilaria Salotti*

Prosecuzione ideale e fisica della Via dei Pellegrini, questo gradevole itinerario rurale, inaugurato nel 2007, si sviluppa a sud-est del Parco dei Laghi di Avigliana. Parte ed arriva al Lago Piccolo d'Avigliana, sviluppandosi in un'area anticamente occupata da un bacino lacustre e poi da una torbiera.

L'itinerario attraversa le borgate di San Bartolomeo, Cordero e Sada, legate un tempo alla cavazione della torba, oggi completamente esaurita. E fu proprio durante i lavori di estrazione di questo combustibile che, nel corso dell'Ottocento, furono rinvenuti nella torbiera numerosi reperti attribuibili a comunità palafitticole stanziatesi, durante l'età del Bronzo, ai bordi dell'antico lago. Oggi, al posto del lago e della successiva torbiera, si succedono prospettive campestri con prati che scendono verso i rii ed un mosaico di campi di mais che costeggiano la statale 589.

Nascosta nella boscaglia, ai limiti dei campi, si sente gorgogliare la fonte Caudana, esteso intreccio di acque che confluiscono nel canale di drenaggio dell'ex torbiera, il *Ri Groos*.

Le acque accompagnano tutto l'itinerario e sono evocate dalla scenografica frattura della Pietra Salomone, masso erratico alle porte del Monte Cuneo. Da questa località il percorso procede fino alla borgata Sada, che con la torre di avvistamento del Castelletto si erge strategicamente sul Lago Piccolo.

In effetti, molti sono gli elementi che lungo l'itinerario parlano di acqua e di passato. E viene spontaneo chiedersi quale altra evoluzione subirà ancora in futuro il paesaggio che si mostra al camminatore.

## IL MITO LIGURE DEL SOLE E DEL CIGNO

Al mito ligure del Sole e del Cigno è legato il ritrovamento, nei pressi della Torbiera di Trana, di una forma di fusione per spilloni di epoca pre-romana con un cigno stilizzato e un simbolo solare.

Si legge nel libro X dell'Eneide, che Cicno, re dei Liguri e padre di Cupavone, mentre piangeva all'ombra dei pioppi la morte di Fetonte, figlio del Sole, fu trasformato in cigno dagli dei che ne ebbero pietà: «... di te non tacerà il mio canto, o Cupavone, che sull'elmo hai di cigno bianche penne e pochi e prodi Liguri conduci [...] Narrano infatti che Cycnos, piangendo l'amato Fetonte, all'ombra delle sorelle, in verdi pioppi trasformate, mentre cantava e consolava con la Musa il mesto Amore, trasse alle tempie il candido colore, seguendo a volo la sua voce in cielo...».

*Veduta della Torbiera di Trana*

*Nella pagina a fianco l'acqua della fonte Caudana*

# IL METODO "SCUOLA PER VIA"

*di Ilaria Salotti*

Due grandi problemi impediscono all'uomo di costruirsi un futuro accettabile. Il primo è dato dalla difficoltà di comprendere a fondo, e non solo superficialmente, la realtà ed il suo senso, a causa della molteplicità dei messaggi, dei maestri e dei modi per avvicinarla. Infatti, la visione scientifica, quella emozionale e quella interiore sono generalmente ritenute alternative l'una all'altra e non integrabili tra loro, invece di essere considerate, come correttamente dovrebbe essere, ciascuna un modo diverso di osservare la stessa realtà.

Il secondo, dalla conseguente difficoltà di agire rispettando e valorizzando equamente cose e persone. Infatti, solo comprendendo l'altro da sé, umano o naturale che sia, si riescono a produrre legami unitari.

La "Scuola per Via", che si propone di affrontare questi due problemi, si è dotata di un "metodo" specifico, sviluppato nell'ambito IN.F.E.A. I suoi fondamenti sono il coinvolgimento fisico-mentale dell'allievo, l'apprendimento induttivo, l'integrazione scientifica, emozionale ed etica, tutte modalità ben difficilmente applicabili nella "Scuola tra i Banchi".

Gli strumenti operativi del Metodo sono costituiti da:

- una "Rete di Vie" da percorrersi camminando, lungo le quali vengono individuati tre tipi di "osservatori" (naturalistico, antropico e "del deserto");
- un insieme di Laboratori di pratiche unitarie altamente sostenibili.

Nelle soste presso i caratteristici ambienti dei tre tipi di Osservatori, vengono proposte esperienze scientifiche, emozionali ed etiche a partire da ciò che si sta toccando, vedendo od evocando, al fine di mostrare la profonda integrazione esistente fra questi tre punti di vista e le conseguenze positive che ne derivano per la comprensione e per l'azione.

*Esemplificativo il caso della* Pera Luvera, *uno dei grandi massi erratici della Collina morenica: luogo particolarmente adatto alla meditazione e ai ragionamenti, è stato scelto per accogliere uno degli Osservatori del Metodo "Scuola Per Via". Il valore del metodo e la sensibilità del proprietario hanno fatto sì che il masso ed il bosco circostante siano stati offerti in convenzione all'Associazione Pro Natura Torino affinché ne valorizzi le potenzialità e si faccia garante e promotore della sua fruizione didattico-naturalistica.*

*Nella pagina a fianco escursionisti alla scoperta della Collina.*

# L'ORIENTEERING

## *di Leonardo Zappalà*

L'*Orienteering* è chiamato lo "Sport dei Boschi", perché il suo campo di gara ideale è il bosco, ma si può praticare anche in altri ambienti quali centri storici, parchi pubblici, campagne...

Chi pratica l'*orienteering* agonistico usa normalmente un abbigliamento specifico ed una bussola, ma i principianti possono anche iniziare senza nessun tipo di attrezzatura particolare: solo lo spirito di avventura è necessario. Al momento dell'iscrizione viene consegnato un cartellino-testimone che l'atleta dovrà punzonare in gara, mentre nelle competizioni maggiori si utilizza un sistema di controllo elettronico con un microchip. I concorrenti partono ad intervalli di alcuni minuti l'uno dall'altro: al via, si riceve la carta del terreno di gara su cui sono disegnati dei cerchietti rossi o viola che rappresentano la posizione dei punti di controllo; la partenza, invece, è segnata con un triangolo rosso o viola. Il concorrente deve raggiungere i punti di controllo nella stessa sequenza in cui sono numerati sulla carta. Ad ogni punto si situa una lanterna (segnale bianco-arancio), dove l'atleta troverà un punzone con cui marcare il proprio passaggio sul cartellino testimone personale. Al traguardo viene rilevato il tempo ed il cartellino testimone viene ritirato e controllato: se le punzonature sono complete, vince colui che ha impiegato meno tempo.

Nella prova di orientamento ci sono due livelli per poter avanzare, procedere con sicurezza senza timore di perdersi: la lettura della mappa particolareggiata e l'osservazione delle forme del terreno. Una volta stabilito l'obiettivo da raggiungere e definito con certezza il luogo in cui ci si trova, si stabilisce a ritroso la migliore strada per arrivare all'obiettivo passando per varie "linee conduttrici" quali sentieri, bordo prati, canalette, rii, recinzioni...

Se ci si perde diventa fondamentale sapersi rilocalizzare, cioè trovare sul terreno un particolare più evidente degli altri (un masso erratico enorme, un chiaro bivio di strade-sentieri, un prato dalla forma inconfondibile...) e individuarlo sulla mappa: così si può ripartire con maggior sollievo. Imparare a leggere con attenzione una mappa dà la possibilità di conoscere l'area da attraversare, di scorgerne parti di storia, di comprenderne la morfologia, di apprezzarne ogni elemento: un masso erratico, per esempio, è bello perché esiste, ma anche perché riesco a ritrovarlo nel bosco grazie alla mappa ed al mio senso dell'orientamento.

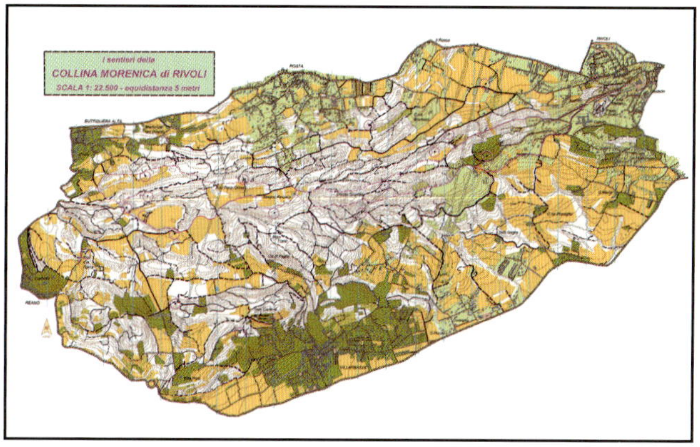


*I percorsi più facili si svolgono principalmente su sentiero, quelli più difficili prevalentemente nel fitto del bosco senza usare i sentieri, ma solamente attraversandoli per giungere da un punto all'altro (immagine pagina a fianco).*

# I PERCORSI IN MOUNTAIN BIKE

*di Marco Ballatore*

## CORSI, ACCOMPAGNAMENTI ED INIZIATIVE DI EDUCAZIONE AMBIENTALE

La Collina morenica di Rivoli e Avigliana, con i suoi percorsi multiformi di differente livello tecnico, è il terreno ideale per chi desidera iniziare a pedalare fuoristrada. Nel corso degli ultimi anni sempre più numerosi enti e associazioni hanno realizzato iniziative volte alla promozione della *mountain bike* come mezzo per vivere e scoprire il territorio collinare. Tra le proposte di maggior rilievo vanno ricordati i progetti "Scuola, sport, ambiente. Pedalando sulla collina morenica di Rivoli-Avigliana", promosso dalla Regione Piemonte (anno scolastico 2004-2005) e rivolto ai ragazzi delle scuola medie superiori della cintura di Torino che ha permesso di avvicinare i ragazzi al ciclismo in *mountain bike*, e "Due ruote nel bosco"(2005), un'iniziativa turistica organizzata dal consorzio Turismovest, aperta a tutti e volta alla promozione degli itinerari della Collina morenica valorizzati attraverso una serie di accompagnamenti in *mountain bike* alla scoperta dei sentieri e dei sapori locali. Altre iniziative hanno carattere di stabilità, come gli accompagnamenti ed i corsi dedicati a ragazzi ed adulti organizzati dalla Scuola MTB Superga, a partire dall'anno 2007, e le attività di educazione ambientale e scoperta del territorio realizzate dal Centro per esperienze di Educazione Ambientale Miscarlino di Rivoli, dal 1999.

## LA COLLINA, LA SERA

In estate, appena il sole tramonta dietro le montagne della Valle di Susa, ha inizio uno dei momenti magici per vivere i boschi della Collina morenica. Una pedalata in notturna rappresenta un'esperienza diversa dal solito, che ogni ciclista dovrebbe provare almeno una volta nella vita. Passando una serata al chiaro di luna, immersi nel fresco e nel silenzio dei boschi, può capitare di fare incontri quasi impensabili durante il giorno, come imbattersi in una volpe, in un tasso o in un allocco mentre, percorrendo la strada sterrata che costeggia lo stagno Pessina, è possibile ascoltare, ai primi tepori primaverili, lo stupefacente concerto offerto dai numerosi anfibi che lo abitano.

## IL RISPETTO PER GLI ALTRI E PER L'AMBIENTE

Con il diffondersi della passione per la *mountain bike* è considerevolmente aumentato l'utilizzo dei sentieri da parte dei ciclisti. I sentieri sono un patrimonio comune e pertanto esigono un utilizzo corretto e consapevole, nel rispetto di tutti coloro che li percorrono. Se il buon senso, la cordialità ed un casco ben allacciato non devono mai mancare, a volte possono non essere sufficienti per individuare la condotta più appropriata da tenere. Per questo motivo sono stati definiti alcuni codici che contribuiscono al rispetto dei luoghi e delle persone, indicando il comportamento più idoneo da tenere durante le escursioni in *mountain bike*. Tra questi, il codice N.O.R.B.A. (*National Off Road Bicycle Association*) è uno dei più riconosciuti a livello internazionale ed è adottato dalle squadre e dalle scuole di *mountain bike*.

*A sinistra una "strada bianca" che attraversa la Collina morenica.*

*Campi e boschi, alternanza tipica della Collina morenica.*

*Capitolo 9* ________

# UN PATRIMONIO DA PROTEGGERE

# BARTOLOMEO GASTALDI, I MASSI E LA NASCITA DELLA GEOMORFOLOGIA

*di Michele Motta*

Per i primi scienziati che si interessarono ai massi erratici questi erano resti del Diluvio Universale. Nel 1749, nella *Théorie de la Terre* Buffon sostituì alla spiegazione biblica più laiche inondazioni torrenziali, dovute a terremoti, catastrofici svuotamenti di laghi, fusioni improvvise di nevai e ghiacciai.

## L'IPOTESI GLACIALISTA

A fine '700 si comprese che i fiumi non possono trasportare blocchi di pietra delle dimensioni degli erratici. Le altre teorie avanzate per spiegarne l'origine (frane, vulcani, meteoriti) si rivelarono ben presto insostenibili. Nel 1806 Playfair propose l'origine glaciale, ma restò inascoltato. Pochi anni dopo (1815) J. De Charpentier venne occasionalmente a conoscere da un montanaro della Val di Bagnes la credenza locale che riteneva gli erratici essere stati trasportati dai ghiacciai. Nel corso del viaggio intrapreso dallo scienziato per esporre tale ipotesi alla Società Elvetica di Scienze Naturali un mercante di carbone gli riferì che un blocco di granito era stati trasportato dal ghiacciaio di Grimsel. Nacque così nel 1834 la *Notice sur la cause probable du transport des blocs erratiques de la Suisse* e con essa la prima spiegazione scentifica del glacialismo.

L'introduzione in Italia della teoria delle glaciazioni avvenne ad opera di Bartolomeo Gastaldi (Torino 1818- 1879) a seguito dell'osservazione, proprio nella bassa valle di Susa, di strie glaciali identiche a quelle lasciate dai ghiacciai alpini. Già nel 1850 lo scienziato torinese riconobbe come erratici i massi attorno a Rivoli e Ivrea, e anfiteatri morenici le colline che li ospitavano. Ne nacque un'accesa disputa con il Sismonda, sostenitore della teoria torrenzialista. Per questi l'enorme *Roc* di Pianezza era un'intrusione vulcanica ma Gastaldi, con precise cartografie e stratigrafie basate sui materiali estratti nello scavo dei pozzi di Pianezza, riuscì a dimostrare che era completamente isolato dal substrato e che si trattava di un masso erratico.

*Il rilievo di Gastaldi*

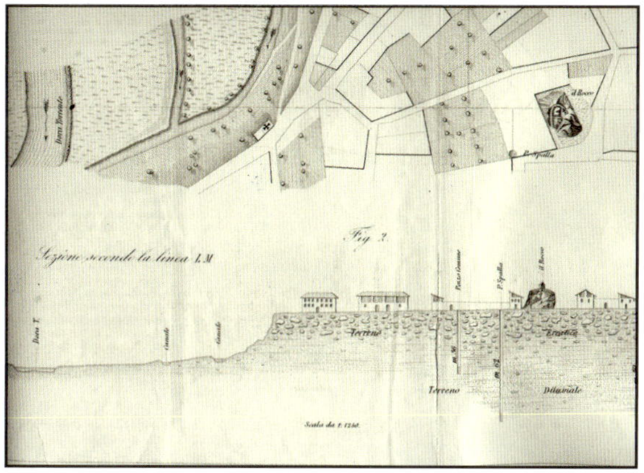

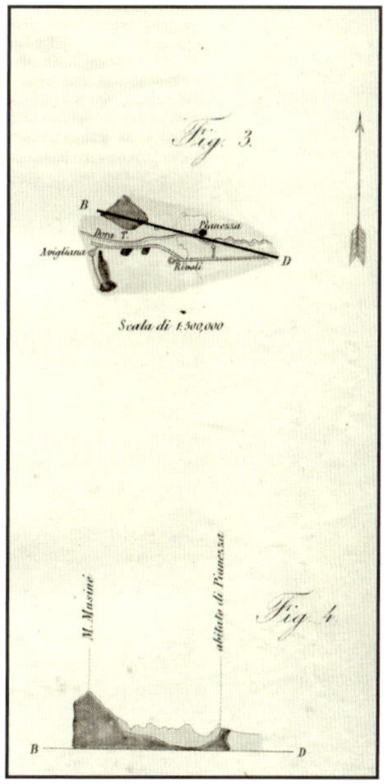


*Il* Roc *di Pianezza secondo Sismonda.*

*Nella pagina a fianco le strie glaciali di* Pera Piana *(Avigliana).*

# LA DIFESA DEI MASSI

*di Michele Motta*

## FEDERICO SACCO

(Fossano 1864 - Torino 1948) Figura di spicco del mondo accademico internazionale, insieme ad altri glaciologi piemontesi contribuì a gettare le basi per il moderno studio dei grandi ghiacciai alpini. Analizzò con particolare interesse l'anfiteatro morenico di Rivoli (1887) e sottolineò l'importanza dei massi erratici nell'individuare la posizione dei ghiacciai nel passato e per comprendere l'origine glaciale dei depositi nei quali si trovano. Nel corso dei rilevamenti sulla Collina morenica, Sacco si accorse della progressiva distruzione degli erratici per farne pietrisco, allargare le sedi viarie, ampliare le aree coltivabili. Denunciò queste attività da molti ritenute una conseguenza inevitabile o auspicabile del progresso, riuscendo ad ottenere che gli erratici fossero inclusi fra i beni ambientali protetti (Regio Decreto del 1922). Realizzò un censimento dei massi e si impegnò per farli conoscere, promuovendo escursioni e realizzando conferenze ed articoli divulgativi.

## GIAN CARLO GRASSI

Pioniere del sassismo ed alpinista di fama internazionale, concepiva come ambiente naturale non solo l'alta montagna, ma anche il masso a due passi da Torino. Negli anni '80 del secolo scorso fu uno dei principali promotori della tutela dei massi erratici:

«I massi sono più che mai dei beni da tutelare anche sotto il profilo di strutture sportive e di conseguenza anche sociali. [...] Oggi il masso conserva la sua antica fisionomia mentre il contesto adiacente muta rapidamente, sì da originare una sensazione di smarrimento quando ritorniamo nella zona dopo una prolungata assenza. Se i valori ambientali in certe regioni si sbriciolano e vengono spazzati via, l'individuo non deve restare nella sua indifferenza, magari pensando che tutto questo succede perché siamo troppo numerosi. La sensibilizzazione verso un minimo di cultura naturalistica potrebbe permettere senza grandi sforzi la conservazione di questi monumenti naturali evitando un giorno di essere obbligati a dire: esistevano un tempo i massi erratici».

*Le due immagini testimoniano la progressiva demolizione di un masso in Regione delle Pietre presso Pianezza. Già nell'incisione di Gastaldi (1846) il masso risulta intaccato alla sommità e pare visibile uno scivolo per la discesa del materiale cavato; nella fotografia di Sacco (1887) la parte destra del masso è scomparsa. Poco tempo dopo, al momento della sua pubblicazione, l'intera roccia era ormai distrutta.*

*Nella pagina a fianco la Sfera di Reano, un tempo punto di riferimento della collina, è oggi sovrastata dai ripetitori, simboli del progresso.*

# GLI ENTI DI RICERCA PER LA CONSERVAZIONE E VALORIZZAZIONE DEI MASSI ERRATICI

*di Liliana Boella*

## IL PROGETTO GEOSITI NEL PAESAGGIO DELLA PROVINCIA DI TORINO (2000-2004)

Questo progetto è stato finalizzato allo studio ed alla valorizzazione dei beni geologico-geomorfologici, intesi come risorsa culturale e turistica ma anche come vero e proprio "museo diffuso" nel paesaggio alpino e pedemontano. Nell'anfiteatro morenico di Rivoli-Avigliana, è stato presentato il geosito del Masso del Castellazzo, un grande blocco racchiuso nei ruderi del castello medievale del Conte Verde a Rivoli .

## I PROGETTI DI RICERCA DEL MINISTERO DELL'UNIVERSITÀ E RICERCA (MIUR)

Il progetto "La valorizzazione turistica dello spazio fisico come via alla salvaguardia ambientale", incentrato sulla valorizzazione turistico-sportiva dei massi erratici di Rivoli-Avigliana, ne è il capostipite. Il programma successivo, intitolato "Il clima e i rischi geomorfologici in relazione allo sviluppo turistico", tratta della pericolosità e del rischio geomorfologico in aree a fruizione turistica, definendo un apposito protocollo applicabile a tutto il territorio italiano. In particolare, l'Unità operativa di Torino si è occupata dei potenziali fattori di rischio del *bouldering* sui massi erratici nell'anfiteatro morenico di Rivoli-Avigliana. Come primo provvedimento si è proceduto alla pubblicazione sul web, ed all'inserimento in un blog per verificarne l'impatto comunicativo, di una guida al *bouldering* con il dettaglio dei livelli di rischio per ogni masso.

Inoltre, dal 2006 è in corso la ricerca "Metodi di analisi del rischio geomorfologico in aree protette e itinerari turistici a elevato carico antropico", con lo scopo di migliorare le tecniche di valutazione della pericolosità e della vulnerabilità utilizzate per gli sport all'aria aperta.

## IL PROGETTO IN.F.E.A.: UNA RETE PER L'EDUCAZIONE AMBIENTALE TRA LAGHI E COLLINE

La salvaguardia della Collina morenica e dei massi erratici è stata nel corso degli anni il filo conduttore delle iniziative del Cascinotto Miscarlino di Rivoli, punto di riferimento e campo di esperienze privilegiato per le attività di educazione ambientale delle scolaresche e degli abitanti dei comuni collinari. Durante i laboratori svolti nel giardino tematico e nel territorio circostante sono state realizzate numerose esperienze didattiche, testimoniate in questa mostra da videoclip, testi, disegni... Ad esempio, la Scuola dell'Infanzia "Makarenko" di Rivoli ha scoperto i massi attraverso i cinque sensi; la Scuola Elementare "Don Milani" ha lavorato all'invenzione ed alla rappresentazione fantastica di storie; le Scuole Medie "P. Gobetti" e "P. Levi" hanno progettato un itinerario di scoperta; l' I.T.C. "O. Romero" ha verificato l'iter della proposta di legge regionale n. 485, relativa alla salvaguardia dei massi erratici, per sollecitarne la conclusione. Infine, il laboratorio "I giganti della collina" ha prodotto improvvisazioni teatrali nei boschi della collina di Rosta.

# VOLONTARIATO ED ISTITUZIONI PER LA SALVAGUARDIA DELLA COLLINA MORENICA DI RIVOLI - AVIGLIANA

*di Liliana Boella*

Dal 1994 al 2008, l'*Associazione per la Salvaguardia della Collina morenica* di Rivoli, Rosta, Buttigliera Alta, Avigliana, Trana, Sangano, Bruino, Reano, Villarbasse e Rivalta, si è proposta come strumento di dialogo e di sensibilizzazione presso le amministrazioni comunali e i cittadini, al fine di realizzare una comunità di intenti indispensabile per preservare la Collina da interventi lesivi del suo paesaggio naturale.

Recentemente confluita in *Pro Natura Torino -onlus,* opera in particolare per promuovere l'istituzione di un'"Area di salvaguardia della Collina morenica di Rivoli- Avigliana", strumento sia di controllo urbanistico per la pianificazione territoriale sia di formazione - informazione sui temi ambientali, attraverso lo sviluppo di un processo culturale di crescita per chi vi abita. L'area andrebbe individuata all'interno della RER di tutela delle aree naturali e della biodiversità che prevede la creazione di "Corridoi ecologici" a raccordo delle aree protette esistenti.

Inoltre, la posizione del *Parco dei Laghi di Avigliana,* il cui territorio è collegato ad ovest all'Orsiera-Rocciavrè, attraverso i Monti della Sacra, ed a est ai Parchi torinesi, proprio attraverso la Collina morenica di Rivoli-Avigliana, risulta strategica per la protezione di quest'ultima.

Un dialogo condiviso e partecipato tra queste associazioni ed istituzioni e le realtà locali è necessario al fine di garantire, da un lato, la conservazione e la tutela del territorio, dall'altro, la valorizzazione delle risorse locali ed in particolare delle attività microeconomiche sostenibili. Inoltre, il raggiungimento degli obiettivi di salvaguardia e di valorizzazione potrà essere conseguito con l'inserimento della Collina morenica all'interno della *Rete Ecologica Europea*, per quanto di competenza della Regione Piemonte, e con l'istituzione della relativa Area Protetta, per quanto di competenza della Provincia di Torino.

Ulteriori interventi miranti alla salvaguardia ed alla scelta dell'area «ove meglio tutelare le ricchezze naturali e spirituali da tramandare alle generazioni future, continuando a goderne nel presente con i migliori benefici» dovranno essere assunti dai restanti enti locali territoriali, e soprattutto dai comuni della Collina, su cui grava la responsabilità civile e morale della sopravvivenza di una delle aree naturali più significative dell'intero Piemonte.

Attualmente non esistono leggi che tutelino direttamente i massi erratici dell'anfiteatro morenico di Rivoli-Avigliana: la salvaguardia dei massi come dell'intero territorio è affidata alle norme vigenti in tema di beni paesaggistici (da ultimo al Codice dei beni culturali e del paesaggio D.lgs. 42/2004 e s.m.i.) che tuttavia non paiono idonee, proprio per le peculiarità della Collina morenica, a garantirne adeguatamente la protezione.

*Il Cascinotto Miscarlino di Rivoli.*

# LA VIA GEOALPINA

## *di Marco Giardino*

Nel 2008, per la prima volta della nella sua storia, l'ONU ha dedicato alle Scienze della Terra un Anno Internazionale.

L'*International Year of Planet Earth* (IYPE) è nato specificatamente per riconoscere il ruolo fondamentale che le Scienze della Terra svolgono per la società: dal reperimento delle risorse alla prevenzione dei rischi naturali, fino alla realizzazione di uno sviluppo sostenibile. L'iniziativa, promossa, sostenuta e patrocinata dall'Unione Internazionale di Scienze Geologiche (IUGS) e dall'UNESCO si è articolata in 3 progetti-simbolo internazionali ed in numerose iniziative nazionali e locali.

L'iniziativa internazionale *Via GeoAlpina*, secondo progetto simbolo dell'Anno Internazionale del Pianeta Terra, prevede una serie di percorsi gratuiti che si snodano in tutti i Paesi dell'arco alpino. In questo modo, gli escursionisti di Italia, Austria, Francia, Germania, Slovenia e Svizzera, potranno visitare alcuni dei luoghi più affascinanti d'Europa, guidati attraverso una serie di itinerari. Tutte le informazioni sono reperibili sul sito www.viageoalpina.org

Secondo il Segretario Generale della Commissione Italiana dell'Anno Internazionale del Pianeta Terra, Luca Demicheli, «la Via GeoAlpina testimonia uno sforzo comune della comunità geoscientifica internazionale. È la prima volta al mondo che si presenta un itinerario scientifico e turistico multiplo e internazionale da percorrere a piedi, per la cui creazione si sono impegnati personalmente i massimi esponenti scientifici dei Paesi aderenti».

Per quanto riguarda l'Italia, la *Via Geoalpina* attraversa il Carso e le Alpi Carniche, le Dolomiti friulane, bellunesi, trentine e altoatesine, i Monti di Carducci sulle Alpi Retiche, le Cime di Segantini in Lombardia e le Vie dei Graniti, i sentieri valdostani e piemontesi che sconfinano in Francia e quelli nella zona del parco del Beigua, in Liguria, dove «le Alpi incontrano il mare». Secondo il progetto della Commissione dell'Anno Internazionale del Pianeta Terra, la *Via GeoAlpina* si propone di portare il pubblico nei luoghi europei più importanti per le Scienze della Terra. In questo senso non poteva quindi mancare un itinerario attraverso l'anfiteatro morenico di Rivoli-Avigliana.

La ricchezza del patrimonio geologico e geomorfologico dell'anfiteatro morenico di Rivoli-Avigliana, la sua facile accessibilità nel territorio torinese e le favorevoli condizioni climatiche fanno di quest'area un luogo unico dal punto di vista ambientale, paesaggistico e geoturistico.

Tali elementi hanno portato alla scelta di includere l'anfiteatro fra i luoghi toccati dalla *Via Geoalpina*. L'itinerario consente di ripercorrere le diverse fasi di costruzione dell'anfiteatro attraverso la scoperta di forme e depositi di origine glaciale e fluviale. Attraverso la diffusione della conoscenza geologica si potrà tutelare e valorizzare uno dei luoghi più significativi della storia geologica del Quaternario alpino.

Il percorso è organizzato in tre tappe:

- La prima ha inizio al Castello di Rivoli, percorre le cerchie più esterne dell'anfiteatro e raggiunge la valle del torrente Sangone, in cui è possibile osservare alcune forme di origine fluvio-glaciale. La tappa termina presso la "stretta" di Trana che rappresenta l'attuale spartiacque tra il bacino del torrente Sangone e il settore laterale destro della Valle di Susa.
- La seconda tappa ha inizio a Trana, percorre longitudinalmente la zona dei laghi di Avigliana, interseca le cerchie più interne del settore laterale destro dell'anfiteatro per giungere infine al rilievo roccioso su cui sorge il castello di Avigliana.
- La terza tappa consente di proseguire il cammino fino al contrafforte in roccia del Monte Pirchiriano, dove sorge la suggestiva Sacra di San Michele (936 m) dall'alto della quale è possibile ammirare la bassa Valle di Susa e l'anfiteatro morenico in tutta la sua estensione.

# PROPOSTA DI LEGGE REGIONALE N. 485/2007

## Valorizzazione dei massi erratici, di alto pregio naturalistico e storico*

### Art. 1.
### (Finalità)

1. La Regione Piemonte persegue la valorizzazione dei massi erratici di maggiore rappresentatività scientifica, paesaggistico-ambientale e storico-culturale, attraverso la promozione della conoscenza del patrimonio esistente e il sostegno finanziario di interventi di salvaguardia volti ad assicurare le migliori condizioni di conservazione degli stessi.

### Art. 2.
### (Definizione di masso erratico oggetto di conservazione)

1. Per le finalità di cui all'articolo 1, si definiscono massi erratici oggetto di conservazione i massi erratici caratterizzati da un intrinseco valore archeologico, geomorfologico, topologico e socio-culturale.

2. In particolare, sono oggetto di conservazione:

a) i massi erratici di particolare pregio paesaggistico e ambientale, ivi compresi quelli inseriti nei centri urbani;

b) i massi erratici utilizzati storicamente come cippi confinali e tuttora conservati;

c) i massi erratici che per dimensioni e volume possono essere considerati come rari esempi di maestosità;

d) i massi erratici con un preciso riferimento a eventi o memorie rilevanti dal punto di vista storico o culturale;

e) i massi erratici recanti sulla propria superficie le testimonianze dell'antica lavorazione degli scalpellini, quali i massi dei picapera;

f) i massi erratici che per composizione mineralogico-petrografica, caratteristiche strutturali e collocazione geomorfologica, rappresentano siti di rilevante interesse geologico, quali i geositi;

g) i massi erratici recanti sulla loro superficie incisioni rupestri attribuibili all'opera dell'uomo preistorico, quali i massi con coppelle;

### Art. 3.
### (Censimento)

1.La Giunta regionale promuove e finanzia il censimento dei massi erratici, anche avvalendosi di soggetti esterni alla struttura regionale, da individuare, informata la commissione consiliare competente, entro un anno dall'entrata in vigore della presente legge.

2. La Giunta regionale, con apposito regolamento, disciplina l'acquisizione, l'aggiornamento, la gestione e la divulgazione dei dati raccolti.

3. Il censimento costituisce riferimento per l'adeguamento dei piani regolatori comunali in ordine all'individuazione dei beni culturali e ambientali, di cui all'articolo 24 della legge regionale 5 dicembre 1977, n. 56 (Tutela e uso del suolo).

### Art. 4.
### (Interventi di conservazione e salvaguardia)

1. La Regione provvede alla conservazione e alla salvaguardia dei massi erratici oggetto di valorizzazione attraverso:

**Proposta presentata in Consiglio regionale del Piemonte il 2 Novembre 2007, recante in epigrafe: «Tutela e valorizzazione dei massi erratici, di alto pregio naturalistico e storico, dell'Anfiteatro Morenico di Rivoli-Avigliana», tappa fondamentale nel cammino di salvaguardia e valorizzazione di questo patrimonio unico che noi tutti siamo chiamati a custodire.*

a) la progettazione e la realizzazione di percorsi tematici per la fruizione geoturistica dei massi;

b) la creazione di aree di rispetto;

c) la ripulitura e la riqualificazione dei massi erratici e delle zone adiacenti, ivi compresi i sentieri di accesso;

d) la posa di tabelle informative sul valore geomorfologico, archeologico, naturalistico e socio-culturale dei massi erratici;

e) la posa di cartelli concernenti le norme e i comportamenti da adottare per il rispetto e la cura dei massi erratici.

2. La Giunta regionale, con deliberazione, individua, informata la commissione consiliare competente, i soggetti attuatori degli interventi, scelti tra enti gestori delle aree protette, enti locali territoriali o altri soggetti e ripartisce le relative risorse.

**Art. 5.**
**(Norma finanziaria)**

1. Agli oneri di parte corrente, stimati per l'esercizio finanziario 2009 in 23.100,00 - in termini di competenza - e iscritti nell'ambito dell'unità previsionale di base (UPB) 14041 (Economia montana Economia montana Tit. I spese correnti) e alla spesa in conto capitale, quantificata per l'esercizio finanziario 2008 in 1.000,00 euro - in termini di competenza - e iscritti nell'ambito dell'unità previsionale di base (UPB) 14042 (Economia montana Economia montana Tit. II spese in conto capitale) del bilancio pluriennale per gli anni 2007-2009, si provvede secondo le modalità dell'articolo 8 della legge regionale 11 aprile 2001, n. 7 (Ordinamento contabile della Regione Piemonte) e dall'articolo 30 della legge regionale 4 marzo 2003, n. 2 (Legge finanziaria per l'anno 2003).